U0379093

面白くて眠れなくなる遺伝子

有趣得让人睡不着的基因

[日] 竹内薰 丸山篤史 著

刘子璨 译

北京时代华文书局

图书在版编目（CIP）数据

有趣得让人睡不着的基因 / (日) 竹内薰 , (日) 丸山笃史著 ; 刘子璨译 . -- 北京 : 北京时代华文书局 , 2020.12

ISBN 978-7-5699-4006-0

Ⅰ . ①有… Ⅱ . ①竹… ②丸… ③刘… Ⅲ . ①基因－通俗读物 Ⅳ . ① Q343.1-49

中国版本图书馆 CIP 数据核字 (2020) 第 261272 号

北京市版权局著作权合同登记号 图字：01-2019-7146

OMOSHIROKUTE NEMURENAKUNARU IDENSHI
Copyright © 2016 by Kaoru TAKEUCHI & Atsushi MARUYAMA
Illustrations by Yumiko UTAGAWA
All rights reserved.
First original Japanese edition published by PHP Institute, Inc., Japan.
Simplified Chinese translation rights arranged with PHP Institute, Inc. through Bardon-Chinese Media Agency

有趣得让人睡不着的基因

YOUQU DE RANGREN SHUIBUZHAO DE JIYIN

著　　者 | [日] 竹内薰　丸山笃史
译　　者 | 刘子璨

出 版 人 | 陈　涛
选题策划 | 高　磊
责任编辑 | 邢　楠
责任校对 | 张彦翔
装帧设计 | 程　慧　郭媛媛　段文辉
责任印制 | 訾　敬

出版发行 | 北京时代华文书局 http://www.bjsdsj.com.cn
北京市东城区安定门外大街 138 号皇城国际大厦 A 座 8 楼
邮编：100011　电话：010 - 64267955　64267677
印　　刷 | 凯德印刷（天津）有限公司　022 - 29644128
(如发现印装质量问题，请与印刷厂联系调换)
开　　本 | 880mm×1230mm　1/32　印　　张 | 7.5　字　　数 | 132 千字
版　　次 | 2021 年 4 月第 1 版　印　　次 | 2021 年 4 月第 1 次印刷
书　　号 | ISBN 978-7-5699-4006-0
定　　价 | 45.80 元

版权所有，侵权必究

自序

虽然有些突然，不过还是想问一个问题：你能用嘴给樱桃梗打结吗？

你也许会想："你到底在说什么？"接下来，我会进行一个简单的测试，请你尝试一下自己是否能做出以下几个动作：

A.卷起舌尖（卷起舌尖，用舌尖触碰舌头中段）

B.把舌头卷成管状（从正面看呈U形或V形）

C.倾斜舌头（当然是从正面看呈倾斜状态）

D.把舌头卷成W形（或者三叶草的形状）

怎么样？这四种动作全都能做到的人，我想应该不太多。

尤其是在很多情况下，能做出A动作的人做不了B动作，反过来能做出B动作的人做不出A动作。而很多人能做出C这个动作或左或右的其中一个方向，但做反方向的动作时却会感觉很别扭。能做出D动作的人可以称得上是相当灵活了。

根据戈登·埃德林的《人类遗传学》，有一种基因能够产生控制舌肌的蛋白质，但也有观点对此表示反对。因为针对上述的几个舌部动作，有时父母做不到而子女做得到，即便是同卵双胞胎，能做到的动作也不一定完全一致。而我最初提到的用嘴给樱桃梗打结的动作，如果加以练习就能够做到（但依旧存在个体差异）。

也就是说，即便是“遗传”，也不能决定100%的事情，例如运动，一定程度上是可以通过后天练习改变的。

各位读者朋友，你们是否对“遗传”这种生命的机制，抱以一种无所谓的态度呢？——“反正都是生下来已经决定好的能力。”然而，即便是活动舌头这种简单的动作，也能看出事情并没有那么绝对。当然了，也有一些遗传是通过练习和努力也无法改变的，例如“脚的大拇指和二指孰长孰短”。

现如今，分子生物学、生命科学以及生物技术等与遗传相关的研究领域正在飞速发展。2012年，日本京都大学的山中伸弥教授因发明“iPS细胞”（诱导性多能干细胞）而获得诺贝尔生理或医学奖。受此影响，与基因相关的最新研究成果被媒体加以报道也不再是什么稀奇事了。

不过，说实话，应该有很多人会想“我实在是听不懂新闻里到底在讲些什么”吧。

因此，我决定在本书中，以简明易懂、风趣幽默的形式来向大家介绍从起源到最新研究的各种与遗传相关的趣话。

当然，我也会提到一些大家不好意思开口询问的入门级话题。读完本书，相信大家一定能够理解新闻中提到的：“这个研究到底在做什么？”“那个研究究竟哪里有创新？哪里有意思？”

本书并不是什么艰深难懂的教科书。大家从自己感兴趣的内容开始读起就好。

那么，欢迎大家来到基因的世界！

竹内薰、丸山笃史

※本书中注释全部为译者注。

目录

Part 1 有趣得让人睡不着的基因

Part 2

扣人心弦的基因科学

Part 3 关于遗传学与 DNA 的大冒险

Part 1

有趣得让人睡不着的基因

拥有有趣名字的基因们

iPS细胞的语源

人们对研究人员多少有着过于严肃认真、开不起玩笑的印象。但其实大多数研究人员和普通人没什么两样。也可以说，其实有很多搞科研的人很喜欢开玩笑。

说白了，想要做出有创造性的研究，脑袋太死板是行不通的，而研究人员想要把研究成果幽默风趣地传达给人们的欲望，比常人更加旺盛（当然，内容都是很严谨的）。从这个角度看，近几年来最为成功的例子，当属日本京都大学山中伸弥教授发明的iPS细胞。山中教授在命名时模仿了苹果的产品“iPod”，特意将首字母小写的故事非常有名。

在本节，我将关注基因的名字。基因的命名权归发现者所有，如何命名基本上也比较自由。但这并不意味着可以随意取名（例如，不得违反公共秩序和地方风俗），同时也有着基本规则（命名规则）。

最为共通的规则，应该就是需要使用数字和字母命名（但首字不得为数字）。同时，虽然一般鼓励命名越短越好，但也存在许多例外。

让我来举例说明一下。常用的命名方法有，使用说明功能的英语单词首字母缩写。在后文介绍的与乳腺癌相关的人类基因*BRCA1*，就是由“乳腺癌1号基因”（breast cancer susceptibility gene I）得名的。

老鼠的基因则是首字母大写，其余字母小写，并以斜体书写，在研究同一个基因时，便以*Brca1*来记录。蛋白质的名称则与基因名相同，不过多是用大写字母直体书写。人类基因*BRCA1*和老鼠基因*Brca1*所呈现的蛋白质的名称都是BRCA1。

普通读者完全不需要记住这些，但严谨地说，每一种动物的命名规则在细节上都不相同。而与此同时又存在许多例外，因此只能一一加以确认。接下来，我将为大家介绍一些多少能从中感受到了命名者的好玩心的基因名称。随着最近基因研究的细化，如何将自己的研究内容更加直观、更加易于理解地传达给他人，对于研究者而言也是很重要的。

各位读者当中应该会有喜欢看漫画或是电影的朋友。研究者们也是一样，在私下里会把工作抛到一旁，好好享受各种娱乐作品带来的快乐。那么，首先就让我从各位读者也耳熟能详的名称开始介绍吧。

撒奥瑟基因（*Myo31DF* ^{souther}）

人气漫画《北斗神拳》[1]当中有一位名叫撒奥瑟的反派人物，是一位曾经击败主人公健次郎的、很少见的角色。撒奥瑟之所以能够获胜，是因为他的内脏呈镜面一般地左右相反（即内脏反位[2]）。

健次郎的“北斗神拳”是利用人的身体结构来开展攻击的，因此对身体结构与常人不同的撒奥瑟无效，攻击也落了空（当然健次郎最终看穿了这一点）。

因此，撒奥瑟基因便是与内脏反位相关的基因（在果

[1] 武论尊与原哲夫共同创作的日本格斗类科幻漫画。讲述大规模核战争导致世界文明遭受毁灭性打击后的黑暗年代，北斗神拳的继承人健次郎与邪恶势力做斗争，并为人民带来生活希望的故事。

[2] 又称“内脏转位”，指内脏左右颠倒的现象，分为全内脏反位和部分内脏反位两种。

蝇的突变中发现了此基因）。现于日本大阪大学任教的松野健治教授在东京理科大学担任助理教授时发现了这种基因。更加准确地说，果蝇的肠呈“螺旋状”，而发现撒奥瑟基因的果蝇的螺旋方向与正常果蝇相反。

在成长过程中控制身体左右方向的基因不止这一个。

老鼠中的左撇子（*Lefty*）在受精后8.5天，会出现一种仅在其身体左侧出现的基因。斑马鱼也有着仅在身体左侧出现的左撇子基因。决定身体形态（结构位置）的前后、左右、上下的机制仍在研究过程中。

尤达基因（*YODA*）

漫画之后，让我们来介绍源自电影角色的基因名字吧。看到这个名字还反应不过来的人，可算不上是电影迷。没错，这个名字就取自世界闻名的科幻电影《星球大战》中的绝地大师尤达。

尤达基因是在植物拟南芥的突变体上发现的。拟南芥也是已经完成基因组分析的主要实验生物之一。尤达基因产生突变后，拟南芥就能够使用原力（一种超自然的神秘力量）……那当然是不可能的。

当然，它也无法挥舞光剑（光能之剑[1]）。尤达身材矮小，是一个绿色皮肤的老爷爷。尤达基因的突变体相比于野生型（性状未突变的个体），体形极端矮小，叶片也不舒展，而是团在一起。这一命名是根据其外观得来的。

皮卡丘素（*Pikachurin*）

这个基因是由宝可梦的角色命名的。皮卡丘素当然并不是能够发动电击的蛋白质，而是眼睛的视网膜色素变性，在神经回路形成时发挥作用。皮卡丘素的突变会影响动态视力，使人眼无法正常捕获移动物体。

原来如此，能够高速移动的皮卡丘，是皮卡丘素（蛋白质）正在正常运转的证明。当然，前提是皮卡丘的眼睛和我们的结构是一样的。

音猬因子（*Sonic hedgehog, shh*）

刺猬索尼克是电视游戏中出现的角色，是一只拟人

[1] 此处日语原文如此。但光剑其实并非激光剑，而是一团等离子体受到强磁场作用被束缚为剑状而成。

化的蓝色刺猬（hedgehog）。它的活动速度达到音速，是“索尼克”[1]这个名字的由来。音猬因子是原本在果蝇突变体身上发现的被命名为“刺猬基因”[2]的基因家族（相似的基因群）中的一种。

这个突变体在孵化而出时，全身布满倒刺（可谓像极了刺猬）。生物常常会出现超越物种而携带相似蛋白质（基因）的情况。刺猬基因也是这样的一种蛋白质，目前在哺乳动物身上已经发现了三种。同一基因家族的基因，其实可以直接按序号命名，但刺猬基因的研究者们为了有趣，而使用实际存在的物种为它们起了名字。

第一种是沙漠刺猬因子（住在沙漠）；第二种是印度刺猬因子（原产于印度）；第三种是被年轻的研究生发现的，便用当时沉迷的游戏中的刺猬索尼克来命名。

而在人类身上也已经发现了音猬因子。虽然它的功能目前尚未完全被发现，但一般认为它和人类的身体结构发育相关，也是多指症的成因。

[1] 索尼克英文名为“Sonic”，意为“音速的”。
[2] 也称“刺猬因子”。

Satori[1]基因（*satori*）

看到“Satori”这个名字，大家会想到什么呢？也许会有读者联想到妖怪“觉”[2]吧。因为这种基因和“读人心”这种能力有关……虽然很想这样告诉大家，但很遗憾，事实并非如此。

这个名字写成汉字是“悟”，是在果蝇身上发生的突变。Satori基因的突变会影响雄性果蝇的求偶行为。突变的雄性果蝇不会开展求爱，对雌性果蝇也没有反应，就像是与世隔绝、勤于修行的僧侣。因此，这种突变体被命名为“Satori”。

但随着研究继续深入，发现有Satori基因的雄性果蝇居然会追求雄性同类。看来它并不是彻悟了，而是喜爱同性。

继续深入研究这种果蝇向雄性求爱的原因发现，它们的大脑雌性化了（果蝇的大脑根据雌雄性别不同有着明显的差异）。

[1] 顿悟、开悟的意思。
[2] 日本传说中一种住在深山中的妖怪，能够洞悉人心。

看来这种果蝇虽然生理上是雄性，但在心理上是雌性，也就是所谓的性别不安[1]（性别认同障碍，英文简称GID）。但果蝇和人类的大脑构造完全不同，而人类的行为没有简单到会因为单一基因的突变而产生剧烈变化。至少在眼下，并不能简单地把基因突变与人类结合起来考虑。

寿司基因（*Bp1689*）

准确地说，这个基因并没有被研究者命名，但《自然》杂志发表的一篇论文曾经加以报道（2010年4月8日刊），本书也将对此加以介绍。

我们之所以能够从食物中获取营养，是因为体内能够分泌消化酶。消化酶只能够分解特定的物质。例如淀粉酶，就是能够把淀粉分解为蔗糖的消化酶。不具有相应消化酶的物质（例如膳食纤维），会直接通过肠胃排出。然

[1] 性别不安（Gender Dysphoria），又译为性别焦虑，旧称性别认同障碍（Gender Identity Disorder）或易性症（transsexualism）。指人对自己的性别认同与出生时指定性别不匹配的现象。2013 年的《精神疾病诊断与统计手册》（第五版）（DSM-5）中将其去病化，由“性别认同障碍”更名为“性别不安”。2018 年发布的《国际疾病分类》（第 11 次修订本）（ICD-11）中将其更名为“性别不一致”（Gender Incongruence），至此，在国际上最通用的两个疾病分类标准中，“跨性别”均已被“去病化”。

而，当肠内细菌缺少消化酶时，就无法分解食物、获取营养。以上这些是关于消化酶的基础知识，还请诸位读者继续往下看。

实际上，欧美人的肠内细菌中，缺少一种能够从海草中摄取营养的消化酶（Bp1689蛋白质）。而*Bp1689*基因只在日本人的肠内细菌中存在。

◆关于消化酶

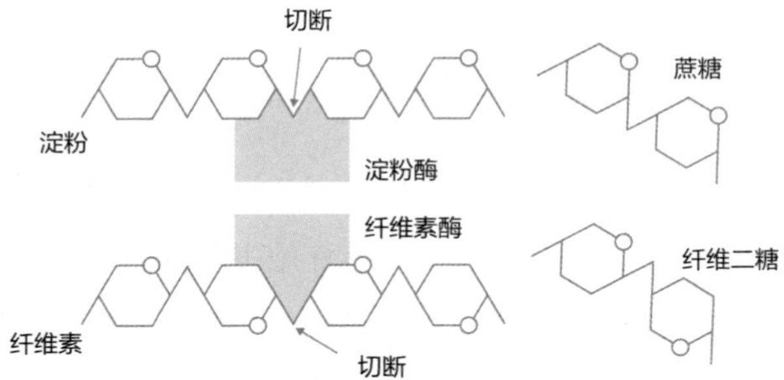

消化酶拥有立体结构，能够分辨不同的分子，只分解特定的分子。例如，人体内并没有纤维素酶，因此无法直接从纤维素（膳食纤维的同类）中获取营养。
※图中酶的形态为概念图

更准确地说，海洋微生物为了分解海草，获取营养，都拥有这种基因。而只有日本人的肠内细菌有这种基因的理由，也许是因为日本人的饮食生活特点。

也就是说，因为以寿司为代表的海产品生食文化，日本人长期食用拥有*Bp1689*基因的海洋微生物，肠内细菌与海洋微生物之间自然发生了异种间的基因重组（很惊人对吧）。论文中也因此提到了寿司基因。

多亏了自然发生的基因重组，日本人才能够从海草中摄取营养。反过来说，对于欧美人而言，海草则是零卡路里食品。那么，从健康饮食的角度来看，究竟哪种情况更好呢？

sushi-iChi反转录转座子

最后，还有一个寿司基因故事要告诉大家。转座子是能够在染色体上移动的基因，也被称作是病毒感染的残留。这个基因被命名为“sushi”，是在硬骨鱼纲中的河鲀身上发现的，共有三种：“寿司1”“寿司2”“寿司3”。

据说是一位新西兰科学家发现的，也许这位科学家很爱吃日本菜。因为这个基因的功能和寿司完全没有关系。

实际上，哺乳动物之所以能够产生胎盘，还是多亏了转座子带来的基因。例如被认为来源于*sushi-iChi*反转录转座子的*Peg10*（paternally expressed gene 10）基因突变后，雌性哺乳动物就无法产生胎盘。

*Peg10*已经失去了在染色体上移动的能力，因此不用担心它会轻易地损坏。但原本是危险病毒的它，如今却成了对我们而言不可或缺的存在，生命还真是奇妙啊！

真的存在长寿基因吗

长生不老可能实现吗

长生不老也被称作是人类最终的梦想，但即便无法实现生命的永恒，也没有什么事情能比健康长寿更好的了。社会上如今流传着各种各样的养生方法和保健食品，但其中大多数都不可轻信。

尤其是各类电视节目中也会提及养生法，导致很多人都深信“只要长寿因子起作用就能够长寿”。

但这其实是一种误解。长寿因子其实是一种蛋白质的名字。能够产生长寿因子蛋白质的基因，被命名为*Sir2*（存在于蚯蚓、苍蝇）和*SIRT1*（存在于哺乳动物）。

在使用猴子开展的实验中，人们发现通过控制卡路里能够延长猴子的寿命。这的确是事实。这就是人们常说的

“八分饱、七分饱是长寿秘诀”这一说法的根据。

但在这个猴子实验当中，有两个要点：

其一是，在猴子出生后立刻开始控制卡路里摄取。也就是说，这个实验并不能证明“长大成人后开始控制卡路里能够延长寿命”。

其二是，必要的营养素并没有减少。简而言之，实验中并没有单纯地“减少三成饭量”。在实验中，研究人员以根据营养学严格计算得出的营养素为准，从中仅仅减去了三成的卡路里。维生素、矿物质、必需氨基酸、必需脂肪酸等营养素并没有减少，因为一旦缺少这些营养素就会引发疾病。

有的人饭量小，有的人饭量大。全都一律减少三成饭量实在是太乱来了。我还听说有些老人家把这种未经证明的假说当了真，反而造成营养不良，损害了自己的健康，实在是让人笑不出来。

本书的读者们，一定不要随便以为“把平时的饭量减少三成就能长寿了”。这个观点真的非常危险。

必须从一出生开始就控制……话虽如此，那么为什么控制卡路里能够长寿呢？科学家莱纳德·瓜伦特发现这是长寿因子（蛋白质）在其中发挥了重要作用。瓜伦特的研究证明：控制卡路里的话长寿因子会发挥作用。也就是说，长寿因子也许能够抗老化！这个观点获得了大众极大的关注。

◆长寿因子蛋白质的相关事实

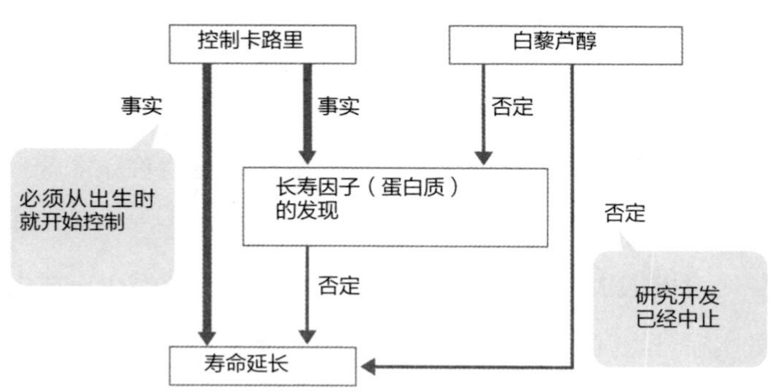

然而，瓜伦特的研究却被其他研究者更加详细的实验结果否定了（2011年）。但这并非瓜伦特捏造了实验结果，而是因为他的实验方法及对实验结果的阐释并不完备。更确切地说，在瓜伦特的实验中“寿命延长”与“长寿因子增加”的确是事实，但另外的实验则显示“即便长寿因子不增加，寿命也能够延长”。

这也就意味着，长寿因子与寿命的延长无关。

之后，瓜伦特又给出了实验结果，证明长寿因子也许有利于应对“进食过量重油食品”以及“老化导致的代谢衰退”。这些功能对于健康而言十分重要，而它却与“延长寿命”无关，反而令人感到奇怪。

一定要说的话，那就是生命的结构并没有那么简单，并不是一种蛋白质发挥作用就能够将寿命延长的。

事情之所以会变得如此复杂，是因为在长寿与长寿因子之间，还存在着一种名为白藜芦醇的物质，是白藜芦醇让长寿因子增加了。白藜芦醇是一种会存在于红葡萄酒中的多酚。多酚是一类化学物质的名称，其中包含很多种物质（大众熟知的有茶多酚和水果多酚）。如果用偶像来做比喻，那么白藜芦醇就是某位偶像的名字，而多酚则是火箭少女101或是TFBOYS（加油男孩）这样的组合的名字。

长寿因子的真相

下面让我们来梳理一下。

首先，人们一直以为控制卡路里（手段）能够使产生长寿因子蛋白质的基因发挥作用（机制），使人长寿（结果）。然而，想要控制卡路里是非常困难的。因此，“白藜芦醇*Sir2*（产生蚯蚓和苍蝇的长寿因子的基因）发挥了作用”这一实验结果被公布了。

这就意味着，就算不用痛苦地控制卡路里，白藜芦醇也是一种长寿的“手段”。但就像上文提到的那样，长寿因子与延年益寿没有关系，其延长寿命的机制已经被否定了。

如果白藜芦醇能够以与长寿因子不同的机制延长寿命就好了。然而遗憾的是，2014年5月，有研究显示白藜芦醇与改善健康状况和长寿无关。

不仅如此，瓜伦特结果被否定之前（2010年），研究白藜芦醇的制药公司就已经停止了临床研究（似乎是在有些研究中出现了安全问题）。如今，开展基础研究的部门也被关闭了。

因此，“长大成人后开始控制卡路里”和“摄取白藜芦醇”都不能延年益寿。以“对延长寿命有效”作为依据而使用长寿因子的保健食品已经过时了。

当然，无论是保健食品也好，营养品也好，我不会否定出于喜好来食用它们的行为（毕竟俗话道“病从心头起”）。但这些东西和治疗药物、预防药物不同，没有科学依据。至少，我不会积极地向大家推荐它们。

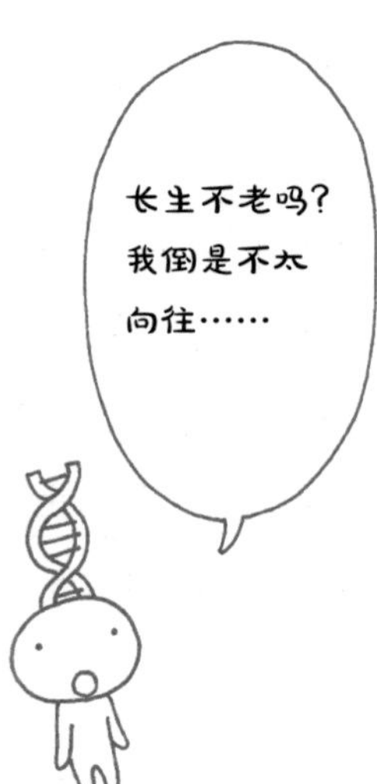
长生不老吗？
我倒是不太
向往……

猫与克隆动物

猫的毛色是如何决定的

一听到“猫和基因”，或许就会有读者想到三花猫。对，公三花猫是非常罕见的。在爱猫人士之中也是非常热门的话题。

但为什么少见，能了解全部理由的人却少得出乎意料。机会难得，就让我来详细为大家解释一下三花猫诞生的原理和公三花猫少见的理由吧。

最常见的三花猫是短毛日本猫[1]，多为白毛为底、黑斑或褐斑。但准确地说，三花猫并不是白毛为底，而是黑

[1] 此处特指日本的情况。

毛或褐毛为底，白毛为斑。有的三花猫没有黑毛而有深褐毛，被称作“雉三花”。

实际上，决定猫的毛色的基因有九种。为了简单地向大家说明，在此将仅对白斑基因（S/s）、褐毛基因（O/o）、黑毛基因（B/b/b⁻）三者之间的关系进行说明。符号中的大写字母表示显性基因，小写字母表示隐性基因。需要说明的是，“显性／隐性”并不表示“优／劣”，而仅仅表示基因“易于显现／不易于显现”的顺序。

B是Black的首字母，S则是Spotting的首字母。有读者或许会问：“那么褐色为什么是O呢？”其实，只有日本人认为那是褐色，在其他国家，都认为那是橘色，也就是说，O是Orange的首字母（也许是受颜色亮度、饱和度的影响）。

三种基因中，影响力最强的基因是白斑。如果是显性纯合子[1]（SS）或者杂合子[2]（Ss），无论其他基因是什么，都会长出白斑。而当是隐性纯合子（ss）时，则不

[1] 纯合子，指二倍体中同源染色体上同一位点上的两个等位基因相同的基因型个体。

[2] 杂合子，指二倍体中同源染色体上同一位点上的两个等位基因不相同的基因型个体。

会出现白斑。SS的白斑比Ss传播得更加广泛。像这种等位基因为杂合子时，出现中间性状的情况被称作不完全显性（参见163页）。

而影响力第二强的是褐毛基因。当是显性纯合子（OO）时，毛发呈褐色；当是隐性纯合子（oo）时，则由其他基因决定毛发颜色。褐毛基因为杂合子时的情况比较复杂，稍后将进行说明。

黑毛的等位基因有三种。显性基因的B（黑色）、第二显性基因的b（深褐色）、隐性基因的b^-（亮褐色、肉桂色）。当白斑基因和褐毛基因均为隐性纯合子时（ss且oo时），黑毛的显性纯合子（BB）、显性与第二显性的杂合子（Bb）、显性与隐性的杂合子（Bb^-）都呈纯黑色；第二显性纯合子（bb）、第二显性与隐性的杂合子（bb^-）呈深褐色；隐性纯合子（b^-b^-）呈肉桂色。

公三花猫极为罕见的原因

接下来要说明的是三花猫诞生的原理。首先，请大家了解以下两点。第一点是，基因的本体DNA是存在于染色体这一集合之中的。第二点是，染色体分为决定生物性别的性染色体（X染色体及Y染色体）和除此以外的常染色体。

黑毛基因（B/b/b⁻）与白斑基因（S/s）分别位于不同的常染色体上，但褐毛基因（O/o）是位于性染色体（X染色体）上的。猫这种哺乳动物的性染色体，雄性是杂合子（XY），雌性是纯合子（XX）。雄性的X染色体上的基因不存在等位基因（因为只有一条X）。这也就意味着，母猫的褐毛基因存在显性纯合子（OO）、杂合子（Oo）、隐性纯合子（oo）三种情况，但公猫只有显性（O□）或隐性（o□）两种情况（□为空）。

因此，上文提到将在后文说明的褐毛基因杂合子这种情况，基本上只会在母猫身上出现。而让情况复杂化的则是“X染色体去活化”这种现象。X染色体去活化是母猫细胞中独有的现象，指在两条X染色体中有一条的基因表达被完全抑制住（失去活性）的现象。

在不同的细胞中，两条X染色体中会有一条随机失去活性。失去活性的X染色体，在基因表达的初期（从受精卵发育为胚胎的时期）就会确定下来，并且终身不会改变。这种不仅由基因决定的基因表达的变化被称作表观遗传。

也就是说，当褐毛基因为杂合子（Oo）时，表达O或o的毛球细胞呈马赛克状分布，O细胞的毛色呈褐色，

o细胞的毛色由其他基因决定。在本节所讲述的情况下，将呈褐色与黑色两色的斑纹。如果此时显性的白斑基因也得到表达的话，则会在褐色和黑色的底色上，出现第三种颜色——白色，诞生三花猫。如果黑毛基因为第二显性（bb、bb^-），则会诞生雉三花。

◆三花猫诞生的条件

•拥有显性白斑基因（S）和黑毛基因（B,b,b^-）

•褐毛基因为杂合子（Oo）

※褐毛基因位于X染色体上，当为杂合子时，只有拥有两条X染色体的母猫（XX）和患有克氏综合征的公猫（XXY）两种可能性。

到此为止，大家想必能够理解为什么一般不会出现公三花猫的原因了。简而言之，公猫只有一条X染色体，因此不会形成褐色和黑色的斑纹（只会出现白斑）。

那么，公三花猫究竟是如何诞生的呢？

偶尔会出现和正常染色体数目（2条1对）不同的个体（异倍体）。其中存在一种名为克氏综合征的例子，它们的X染色体比一般的雄性更多。例如性染色体有XXY共3条。公猫如果是克氏综合征的话，X染色体就有2条，当它们的褐毛基因是杂合子（Oo）且有显性的白斑基因（SS、Ss）时，就会成为三花猫。

◆一根三花猫体毛的基因表达

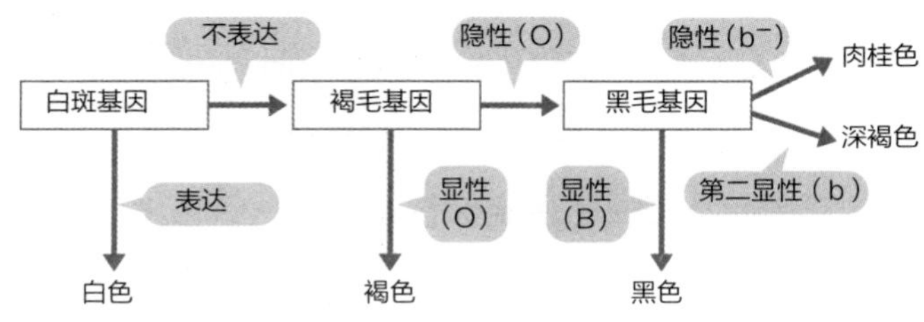

※白斑基因的表达和褐毛基因的显性、隐性，是在表达初期随机确定的。

只有当一只猫既患有克氏综合征这种罕见病，又同时拥有可能成为三花猫的基因时，才会诞生公三花猫。克氏综合征会同时伴有少精症，公三花猫几乎不可能通过自然繁殖生育。即便得以生育（通过人工授精是可能的），但克氏综合征是偶发性的疾病，因此诞生的小猫也不存在公三花猫的可能性。

还有一种产生公三花猫的可能性，那就是褐毛基因由X染色体同源重组为Y染色体的时候。一般来说，X染色体与Y染色体不会同源重组，但同源重组仍然会以极低的概率发生。无论是哪种情况，公三花猫都是极为罕见的存在。

受人喜爱的猫咪身上，还存在一种“金银眼”的性状，英语中称为“Odd-eye”，正式名称为“虹膜异色症”，即左右两眼的虹膜（瞳孔）颜色不同（人身上也存在此现象）。多为一只眼睛是蓝色或灰色，另一只眼睛是褐色、橙色、黄色（琥珀色）或绿色。在日本，“黄色与灰色”这种“金银眼”组合尤其受到重视。

虹膜的颜色是受黑色素的量左右的，黑色素的量按照褐色、棕色、橘色、黄色、绿色、灰色、蓝色这一顺序递减。在极为罕见的情况下，黑色素含量过少，血管的颜色会透出来，形成紫色的虹膜。这种紫，是淡淡的青紫色[1]。美国知名演员伊丽莎白·泰勒就因紫罗兰色的虹膜

[1] 介于蓝色与紫色之间的一种颜色，在中国古代是高官印绶、服饰的颜色。

而闻名。而患有缺乏黑色素的白化病（albinism）人的虹膜则呈红色。

言归正传，虹膜异色症其实多见于患有瓦登伯革氏症候群这种遗传性疾病的患者身上。也有一些因事故导致的后天性虹膜异色症的例子，但基本上都属于例外情况。

后天性虹膜异色症的名人有音乐家大卫·鲍伊。他在15岁时因打架导致左眼几乎没有视力。因为这个后遗症，他的虹膜放大，左右眼的瞳色因此而不同。

当下的克隆经济

回到刚才的话题，瓦登伯革氏症候群的患者多患有听觉神经障碍，他们与虹膜色素较少眼睛同一侧的耳朵（蓝色眼睛的一侧）会存在听觉障碍。宠物也是一样。虽然它们因为珍稀的外表而广受喜爱，但这归根究底不过是疾病的症状之一，还希望大家能够明辨。

这里要讲的并不是猫，而是作为宠物颇受人们喜爱的雪貂，它们很容易因为遗传而患有瓦登伯革氏症候群。雪貂并不会因此患有虹膜异色症，但有许多饲养员出于“体毛和头型很受欢迎”这一理由，而故意让它们与患病个体交配。有数据显示，宠物店中出售的雪貂，4只中就有3只有听觉障碍。从爱护动物的角度出发，还希望大家能够多多加以反思。

克隆经济曾经受到热议。“克隆”一词也已经广为人知，但大多数人其实并没有准确理解它的含义。

对于喜欢科幻作品的读者而言，“与自己一模一样的人造人”这种设定可以说是相当经典了。“难道克隆经济就是制作委托人的克隆人吗？！”也许会有读者发出这样的惊叹，但据我所知，并不存在这种不靠谱的生意，请大家放心。

开展克隆经济的企业虽然的确把克隆当作一门生意来做，但克隆的对象是宠物。换句话说，是在爱猫、爱犬去世后，通过克隆使其复活的一门生意。但这桩买卖却没能顺利开展。

这是为什么呢？读者朋友们能够猜到吗？当然了，原因并非成本或是伦理问题。原因在于，他们并没有理解克隆的本质。

首先，生物学上所说的克隆，指的是拥有完全相同基因组的个体。基因组指的是生物体所有遗传物质的总和。一般而言，生物都具有雌雄两种性别，从父母那里通过染色体各获得一组基因组，总共拥有两组基因组（这叫作二倍体）。在现实世界中，虽然还没有出现人工的克隆人，但实验动物和家畜的克隆已经在进行了。

之所以特意加上“人工的”这个定语，是有原因的。那是因为“天然的”克隆是自然而然存在的。归根究底，微生物（单细胞生物）通过细胞分裂增加个体数量的行为和克隆是一样的（这叫作无性繁殖）。而同卵多胞胎（双胞胎或三胞胎等）也是克隆。

同卵这一医学术语，指的是受精卵最初只有一个，是在细胞分裂早期一分为二的。换句话说，也就是复数个体由同一细胞诞生。受精卵有着被称为“全能性”的、诞生个体所需的所有能力。在数次细胞分裂中，全能性都能够得到保持。随后，在某一节点，各个细胞开始独立，重新开始细胞分裂，就诞生了同卵多胞胎。

其实，在畜牧业中，人们会利用这一现象制造人工双胞胎或三胞胎（更准确地说，是将具有优秀性状的受精卵的细胞核植入去核的未受精卵中）。通过克隆产奶量大的奶牛、肉质上佳的肉牛，来实现品质管理的稳定。这种克隆被称作受精卵克隆。

多莉与iPS的区别

通过受精卵克隆诞生的动物，和通过所谓的基因重组技术诞生的动物是不同的。自古以来的育种方法中已经在开展着对性状的选择，同时，克隆在生物学上和双胞胎或是三胞胎并没有什么两样。要说两者不同之处，那就是通过借助在遗传上没有直接联系的母牛的子宫，克隆技术能够一次产生多头牛或是错开时间产生多头牛（因为受精卵能够冷冻保存）。

基本上，克隆和人工授精一样，诞生的生物在基因上与母体没有关系。而与受精卵克隆全然不同的，就是体细胞克隆。世界上第一只体细胞克隆动物（哺乳动物）是克隆羊多莉（1996年）。

体细胞克隆，并不是通过受精卵这种“能够产生完整个体的细胞”为基础克隆的，而是从“达到分化最终阶段的细胞”克隆得出的。一般来说，这种体细胞的染色体没有产生完整个体的能力。

因此，如何重新激活移植核的全能性是体细胞克隆的关键。但有人指出，克隆多莉的方法，即便制造出克隆体，克隆体在诞生时细胞就已经老化了。这种克隆方法还称不上成熟。

也许有读者会想，只要用上2006年发明的iPS细胞不就好了？但iPS细胞虽说是多能干细胞，却不具有全能性，无法产生个体。

简单来说，全能性指兼具“形成胎盘等孕育胎儿的器官的能力”和“分化出身体各类细胞的能力”，但多能性仅指“分化出身体各类细胞的能力”。因此，大家应当将iPS细胞看作是受精卵经过一定分化之后的细胞。

利用iPS细胞，能够制作出生殖细胞（卵或精子）。iPS细胞制作出的生殖细胞在受精后，理论上是能够制造出克隆体的。但生殖细胞的成熟需要精巢或卵巢，而受精卵想要孕育出胎儿也需要子宫。

笔者已经对克隆进行了各种说明，但前文提及的“克隆经济”失败的理由，并不仅仅在于制造克隆体很困难。其实，虽说是克隆，诞生的新个体与原本的个体也并不完全相同。

当然，我们不可能将生活环境也完全复制出来，而大脑的发育也还无法做到完全一致。分析大脑的构造并复制出来的技术，还只存在于科幻作品当中。而在大脑之外的其他身体部位，即便拥有相同的基因组，也不一定会在细胞层面上发育得完全相同。这一点，也是工业产品和生物的不同之处。

世界上的生物，即便基于同样的设计图，通过同样的装配机来组装，每个个体之间也会存在微小的差异。举个具体的例子，人的指纹、虹膜，还有毛细血管的走向，哪怕是双胞胎也不会完全相同。

也就是说，DNA的基因表达不仅由先天因素决定，也存在着后天调整的机制。这些后天的变化调整，使基因（DNA）本身虽然不变，但它的基因表达却是多变的。研究后天的基因表达变化的学科，叫作表观遗传学。

简而言之，构成多细胞生物的各个细胞与其他细胞之间的相互作用（或是随机地）决定了每个细胞之内的基因究竟是如何表达的。

后天的基因表达如果用音乐家的演奏来比喻，可以说是即兴演奏。我们可以这样粗略地理解表观遗传学：音乐家虽然会忠实于DNA这一乐谱来演奏，但也会随着演出场地的气氛来即兴演出。前文提到的X染色体去活化、细胞分化以及重编程，都是表观遗传学中的例子。

理解了关于克隆的这些事情，大家也就可以明白为何克隆经济会失败了。请大家回想一下关于三花猫的故事。

每一只猫都有独特的花纹（毛色的不同情况），是受到表观遗传的基因表达决定的。也就是说，即便克隆一只带有相同基因的克隆猫，也无法和原来的猫完全相同。

如果原本的宠物毛发是纯色的，那么委托人也许还能够接受。但凭借现如今的技术在理论上是无法实现完全一致的心爱猫咪的纹路，克隆经济会失败也就不奇怪了。

对于主人来说无法取代的宠物，看来的确是一期一会呢。

能够创造出奇美拉动物吗

假面骑士也是奇美拉?

在科幻作品当中，有一种很常见的设定，那就是英雄或者反派拥有动物的特殊能力。例如火遍全国的假面骑士，主角假面骑士1号和2号是拥有草蜢能力的改造人，反派组织修卡的怪人们则以各类动物或植物为原型。

如今，从漫画、动画到特效剧，类似的设定不胜枚举。其实，对杂糅各种生物特征的怪物、神兽的想象，古今中外比比皆是。

在日本传说中，有一种名为“鵺”的怪物，长着猿猴的脑袋、狸的身体、老虎的四肢和蛇的尾巴。在西方，也有长着狮子的脑袋、山羊的身体、毒蛇的尾巴的奇美拉。兼具多种生物特征的现象的代名词“奇美拉”，就来自这种怪物。很多读者可能不知道的是，“奇美拉”一词其实也是正式的生物学用语。

各位读者最在意的，也许就是我们究竟能否创造出兼具各种动物特征的奇美拉动物。先不讨论鵺或奇美拉这种“复杂”的物种，基本上来说，在亲缘关系接近的物种之间，是可能存在跨物种生殖的。

人们常说“染色体数目不同的物种之间无法生殖”，但实际上也存在例外情况。最为人熟知的就是公驴和母马产下的骡子。驴的染色体有62条，马则有64条。骡子的染色体是63条，无法生育。此外还有普氏野马（蒙古野马66条）和家马（被驯化的现代马64条）的杂种马的染色体有65条，但它们是拥有生育能力的。

大型猫科动物的染色体数目都相同，虎、狮、美洲豹、美洲狮、花豹的染色体都是38条。在自然界中，它们之间几乎不存在相互交配繁殖的现象。虽然并非不可能杂交，但诞生的个体是无法生育的。

简而言之，现实就是，我们的确还有许多不了解的情况。可能在基因层面或是细胞层面上，还存在着保证物种独立性的某种机制。

生物学对奇美拉的定义是，拥有多组遗传信息的个体。也就是说，在同一个生物身上，存在着不同基因组的细胞。最近，奇美拉的含义也在变得更广，人们有时会将分子层面上（例如蛋白质等）拥有来源不同的部分的分子，称作奇美拉分子。

人类当中也存在奇美拉

除此以外，猫的毛发的纹案中，存在着基因表达不同的基因，但这种情况不是奇美拉，而被称作镶嵌现象。奇美拉是拥有不同基因组的情况，而镶嵌现象则是同一基因组的不同基因表达。

超越物种的奇美拉是想象中的产物，而同一物种中的奇美拉虽然少见，但的确存在。例如人类奇美拉的现象在异卵双胞胎身上会出现。异卵双胞胎之间的基因组是不同的。

但两者在母亲体内成长的过程中，形成血液的原始的细胞相互混杂，最终留存在了骨髓中。在这种情况下，皮肤等细胞中的染色体所记录的遗传信息和实际的血型是有可能不同的。

同样的情况在白血病的治疗中也会发生。治疗后的骨髓细胞，和患者与生俱来的细胞有着不同的基因组。在骨髓移植时，最重要的就是白细胞配型一致。ABO血型不必一致也能完成移植，因此体细胞的基因组中的血型会发生改变。

而当多个受精卵发生融合时，全身的细胞也会成为奇美拉。

例如体外受精生下的孩子、有一方被吸收了的双胞胎，虽然是极端稀有的例子，但的确会产生这种情况（健康上应当没有什么问题）。

在昆虫等节肢动物中，有时会出现身体左右两侧雌雄各异的个体。

这种个体猛一看有些吓人，但它们并不属于奇美拉，而是属于一种叫作雌雄嵌合体的现象。这种个体体内的细胞虽然基因组相同，但不知为何身体两侧的性别表达却是不同的。

重组DNA技术是一种推动了生物学发展的技术。基因敲入（Knock-in）小鼠（KI小鼠）和基因敲除（Knock-out）小鼠（KO小鼠）都是非常出名的。最具代表性的KI小鼠，是全身细胞都表达了分离自维多利亚多管发光水母的绿色荧光蛋白（GFP）的GFP小鼠。GFP也因为日本著名的化学家、海洋生物学家下村修2008年获得诺贝尔奖而知名。

但是，通过敲入其他物种的基因，虽然能够表达出过去没有的种种性状，但却无法让马像飞马那样生出鸟儿的双翼。科学还没有发展到可以随心所欲操纵生命的程度，而人类所想象出的物种，在生物学上有很多无法实现的不合理之处。但毕竟古人没有胚胎学和解剖学的知识，这也是没办法的事情。

需要向大家说明的是，胚胎学是研究生物从生殖细胞（卵或精子）到受精卵、胚胎的发育成长过程中的种种现象的学科。近年来随着iPS细胞的发明，胚胎学作为生命科学的一个分支，也受到了广泛的关注。

iPS细胞被称作“万能细胞”，因此也许会有读者认为利用iPS细胞就可以制造出克隆生物或是奇美拉生物，但现实并不是那么简单的。

“细胞命运”是什么

iPS细胞是山中伸弥（现任日本京都大学iPS细胞研究所所长）在2006年发明的。他也因此在2012年获得了诺贝尔奖。

iPS细胞的特点，就是将已完成分化的体细胞转化为未分化的干细胞。这被称作重编程（reprogram-ming）。

前文已经提到，胚胎学是研究个体从受精卵发育为成熟个体过程的学科。一位体重60千克的成年男性体内拥有超过

60万亿个细胞。人类会从一个受精卵开始在母亲体内产生基本的形状，在诞生之后的成长过程中，会有约200种的细胞发挥各自的作用。细胞功能之间的差异被称作分化。

一般而言，细胞一旦经过分化，就无法回到分化前的状态。细胞的分化就像是从坡道上滚下的物体一般，经过数个分支，最终完成分化。

这被称作“细胞命运”。大家可能会认为这个说法还挺文艺的，但它的确是正式的生物学用语。而成功爬上分化坡道的，正是iPS细胞。过去，人们一直以为这在哺乳动物身上是不可能发生的事情。这项研究也因此获得了诺贝尔奖。

从字面上来解释，全能性兼具“形成胎盘等孕育胎儿的器官的能力”和“分化出身体各类细胞的能力”，但多能性仅指“分化出身体各类细胞的能力”。因此，大家应当将iPS细胞看作是受精卵经过一定分化之后的细胞。从iPS细胞直接发育出成熟的个体虽然很困难，但在理论上并非不可能。因为利用iPS细胞制作出的生殖细胞（卵或精子）在受精后，理论上是能够制造出克隆体的。

但这并不意味着真的很容易实现。因为生殖细胞的成熟需要精巢或卵巢，而受精卵想要孕育出胎儿也需要子宫。

◆细胞命运与iPS细胞

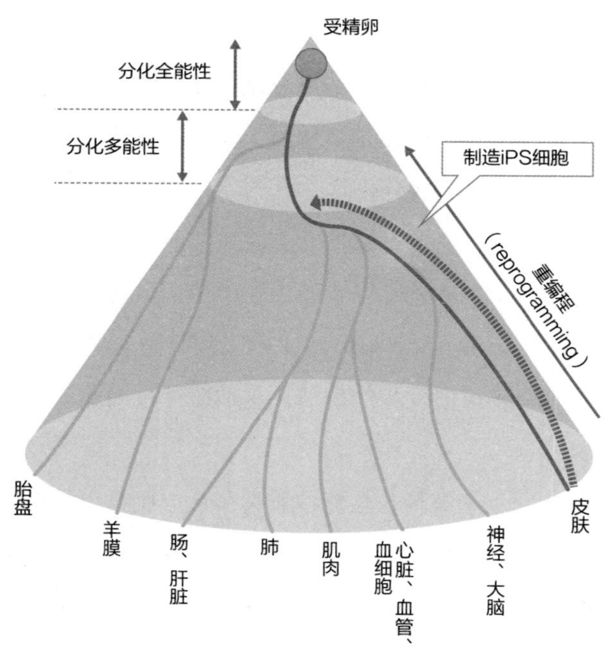

山顶是受精卵，山麓是完成分化的各种细胞。细胞所处的位置越高，分化程度就越低。分化的过程就像是沿着山间的各种岔路一路滚到山脚。iPS细胞可以想象成是把山脚下的细胞带回完全分化之前的山上的岔路口。

现如今的科学技术，还无法不借助“生命的力量”，仅在试管中就创造出生命。至于创造出符合人类想象、表达出跨物种形状的奇美拉，那更是天方夜谭了。

DNA侦查可靠吗

“DNA一致”是错误的

现如今，警察所开展的DNA侦查，被称作“DNA鉴定”。警方会从犯罪现场遗留物品中提取DNA，并将其与嫌疑人的DNA进行比对。

有许多人对DNA鉴定有所误解，它并不是将DNA全部进行比对。简易基因检测在这一点上也一样。可别太惊讶了。新闻当中经常说“DNA一致”，但直截了当地说，这是错误的。准确地说，应该是“核酸序列的部分模式相似度很高”。

当然了，除了同卵多胞胎或是克隆之外，人类所拥有的全部基因信息（见109页的人类基因组内容），也就是31亿个核碱基序列，偶然完全一致的概率低到令人难以置信。

但在眼下，想要分析每个人的人类基因组，在时间和费用上都有很大的难度（现行的主流DNA测序器需要花费10天，费用在7000元左右）。DNA鉴定都是通过几种方法，来研究DNA的核酸序列种类。

人类DNA的核酸序列中的绝大多数都和我们的生命活动没有直接关系。在这些与生命活动无关的核酸序列中，积累着许多突变（绝大多数突变也与维持生命无关）。

突变都是偶然发生的，存在非常大的个体差异。DNA鉴定利用的正是这一点。而突变也会被遗传，因此亲子间的突变会很相似。这也是能够通过DNA进行亲子鉴定的原因。

早期的DNA鉴定，是通过某种限制性核酸内切酶（123页）来剪切基因，并比较其模式来进行的。用同样的限制性核酸内切酶来剪切同一个DNA，就能够得到相同的结果（模式）。

DNA和身体每个细胞一样，从同一个人身上获得的样本，无论是分析血液、黏膜、皮肤，还是毛根，结果在理论上都是一致的。这种方法把结果的模式和指纹相比较，被称作DNA指纹法。

指纹也会被应用在刑事侦查中。指纹是能够特定到个人的有力间接证据。虽然有人认为同卵双胞胎会连指纹也相同，不过决定指纹纹路的并不只有基因。

DNA鉴定的机制

也就是说，DNA指纹法需要比较两条近乎完全等长的样本DNA（染色体）。但在刑事侦查中采集的样本大多数并不完整，这就会导致鉴定结果的重现性降低。

近年来所使用的方法被称为“STR法”，通过分析被称作“STR”的数个核酸序列的连续片段（当然对生命活动是没有影响的）来鉴定。STR法和DNA指纹法不同，是着眼于染色体的一部分的方法，即便样本不完整，也能够提高鉴定的成功率。

如果我们看一看2号染色体上的甲状腺过氧化物酶的基因（TPOX）中的内含子（不会被翻译为蛋白质的基因部分），就会发现“AATG”这一段STR，少的人有5个，多的人有14个。

这是因为遗传自父母的TPOX各有10种，可以由此把人类分为100种。如果在可分为100类的STR上仅研究5处，简单计算一下就会有100亿种可能性。

这基本上和通过血型分类是一样的。例如ABO血型有4种，Rh血型有2种，两类血型排列组合之后可以分出8种模式。

STR式的DNA鉴定，是将STR突变排列组合后，对可以用来识别个人的众多模式进行分类，并用于鉴定。日本警察目前使用的DNA鉴定会检查15处STR。每处STR虽然各不相同，不过都在4至30种模式之间。两个不同的人之间15处STR全都一致的概率大概是47,000亿分之一。日本的人口约为1亿2500万人（截至2015年1月1日的数据），日本人中出现STR完全一致的人，理论上只可能是同卵多胞胎（双胞胎或三胞胎）。

最近也有鉴定方法的研究是基于单核苷酸多态性（SNPs）开展的。“STR法”虽然比DNA指纹法更加先进，但如果染色体长度不够，就很难发现鉴定所需的STR片段。而通过SNPs来鉴定，可以把关注点放在更窄区域内的DNA上，针对提取状态不佳的DNA的检测灵敏度也能够提高。但每一处的模式就会减少，这样一来，就必须增加检测的部位。不过SNPs在基因组中存在几百万个，在理论上是没有问题的。

◆DNA鉴定的机制

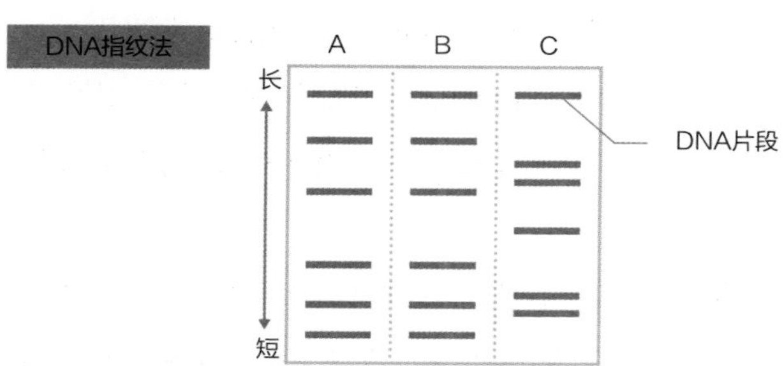

用限制性核酸内切酶剪切从样本（A—C）中提纯、扩增的DNA，通过电泳将片段按长短顺序排列。相同的DNA就按照相同的模式来排列。上图中的A和B拥有相同的DNA，但C则与A、B不同。

基因位于DNA上，分为外显子（被翻译）和内含子（在加工过程中被剪切掉）。内含子中，存在着无意义的重复序列STR（上图中就是AAGG）。STR的重复数量因人而不同。我们可以通过检测几个有特点的STR来进行身份识别。例如，有10种基因分别可能重复1次到10次，理论上就能够分出100亿个种类。

DNA鉴定的问题

到这里为止，我一直在着重介绍DNA鉴定的优点，但这并不意味着DNA鉴定就不存在任何问题。其中之一，就是在开展鉴定时需要各个STR和SNPs的对象集团数据库。

大家想一想血型的例子应该就能够明白了。A、B、O、AB各种血型的人数占比并不均等，根据国家、民族的不同，占比也不尽相同。而STR法所用的各个STR，虽然一般认为它们的突变是各自独立的，但实际上也可能存在某种关联。这样一来，完全陌生的人之间，STR相同的概率也会提高。

而且概率归根究底也只是概率，虽然可能性只有数万亿分之一，但偶然一致的可能性也是存在的。实际上，在美国的一个几万人规模的数据库中，就已经出现了所有的STR模式全部相同的例子。

希望大家不要误会，就算是STR模式一致，但基因组整体是不同的。也就是说，STR一致只能代表部分模式一致。但在刑事侦查中，却可能因此将两个不同的人判断为同一个人。在这一点上，大家必须理解DNA鉴定并不是绝对的。DNA鉴定不过只是一种间接证据而已（虽然的确是很有力的证据）。

同时，在DNA鉴定中还有一点需要注意，那就是混入现场的目标外的基因。在犯罪现场所发现的细微物证，在鉴定之前是无法判断来自谁的。

尤其是DNA鉴定，需要从这些细微物证中提纯、扩增DNA，如果混入了不该出现的东西，就很可能会导致错误的结果。

有一个很有名的案件可以算作是教训，那就是欧洲的“海尔布隆幽灵杀手”案。事件起源于德国南部的巴登-符腾堡州的海尔布隆市，2007年这里发生了一起恶性犯罪案件。犯人袭击了警车，抢走了手枪，向两名警员开枪射击（其中一名女警死亡，一名男警重伤），之后逃逸。

侦查人员从现场残留的物证中提取出的DNA，居然和以德国为中心的欧洲各国的40起案件中的DNA一致。这些案件从杀人到偷盗、药物交易，类型繁多。甚至在2001年重新对一起1993年的杀人案样本进行分析时，也检测出了相同的DNA。DNA结果显示，它属于一位东欧或是俄罗斯裔的女性——长期在欧洲各国流窜的、潜藏于黑暗中的东欧犯罪组织的女性罪犯。

2009年，德国警察悬赏30万欧元，通缉这位神秘的女性罪犯（按照当时的汇率相当于约300万元人民币）。但更加离奇的是，事情却开始向着谁也没有想到的方向发展。在毫无关系的案件中（潜进学校偷窃的少年、烧死的男性难民），也检测出了这位神秘女性的DNA。

德国当局急忙重新开展调查，终于找出了海尔布隆幽灵杀手的“真面目”——一位来自东欧、在巴伐利亚州一家棉签工厂工作的女工。

当然了，她和什么犯罪组织以及一系列的案件都毫无关系。问题出在了生产棉签的工序上。她所在工厂里，工人们居然直接用手来包装棉签。而各国的警察都使用了这家工厂所生产的棉签来采集DNA鉴定中所需的微小物证。警察们所检测出的DNA，不过是在棉签工厂工作的女工的皮屑。

案件侦查也因此理所当然地从头开始。海尔布隆案件的犯人也在2011年被找到了。犯人因为在抢银行时没能摆脱警察的追捕，便烧车自焚了，警察通过他遗留的物品确定了他的身份。他的共犯之后也投案自首，案件就此落下帷幕。

你的隐私会被侵犯？

我想大家应该已经理解了，目前还不能百分之百信赖DNA侦查，它不过是一种间接证据而已。当然，随着进一步的研究、DNA测序器性能的提高，在我们能够从微小证据中提取的样本上分析出所有的DNA时，刑侦调查也许会进入一个全新的阶段。但到了那时，我们同时也需要采取不同的对策来保护个人隐私和维护社会道德。

举个极端的例子，假设我们将所有公民的基因检测结果登记在案。只要在犯罪现场提取到了DNA，立刻就能够比照出嫌疑人。这种政策如果在日本提出来，肯定会引发轩然大波。可实际上在2015年7月，科威特已经通过了一项法案，要求所有拥有永久居留权的居民都有义务将自己的基因检测数据登记在案。

如果拒绝提供或提供虚假数据，将被处以罚款或监禁。这项对策据说是为了防止恐怖袭击而采取的针对犯罪组织的，但强制推行这项政策的行为，却多少让人感到担忧。

如果必须这样做的话，既然已经拥有了难得的大数据，我还是希望能够将之用在像人类基因组计划这样的为人类健康谋福利的事业上。

癌症与基因

癌症究竟是一种怎样的疾病

说到日本人的三大死因，那就是癌症、心肌梗死和脑中风（最近，肺炎排到了第三名）。每两名日本人当中，就有一人会在一生中患上某种癌症。

听了这话，大家肯定会担心“我会不会哪天也……”，但癌症究竟是一种怎样的疾病呢？它又和基因有着什么关系呢？

首先，让我们来梳理一下专有名词。“肿瘤”在病理学中被称作“新生物”。

在读的时候需要注意断词。这个词不念作“新/生物”，而是“新生/物”。也就是“（体内）新产生的（多余的）物质”的意思。当提到“癌”（或者“癌症”）时，指的就是“恶性肿瘤（恶性新生物）”。

癌症主要分为两种：一种是发生于上皮组织的“癌”；另一种就是发生于上皮组织以外部位的“肉瘤”。大家把上皮组织理解为位于黏膜和面膜下方的分泌腺组织就好。因此，有很多癌会发生于消化管（食管、胃、肠）。因为定义问题，骨细胞和神经细胞即便发生肿瘤化，也会被归类为肉瘤。

需要说明的是，恶性和良性的分类是医生基于其是否危及生命而做出的判断，并非肿瘤本身的性质。决定肿瘤性质的是“分化程度”和“异型性”。分化程度是一个指标，指的是肿瘤化的原组织生长、分化的程度。

异型性指的是肿瘤化的原组织在形态上的变化程度。分化，指的是受精卵分裂后形成具有特定功能的组织的过程。这就像是人在还是婴儿的时候拥有成为任何人的可能性（未分化的状态），长大成人之后就要决定职业（分化）一样。分化程度越高，与原来的组织就越接近，反过来说，分化程度越低，就越接近原组织过去的分化状态（未分化）。分化程度低的癌细胞，也许可以说是辞职之后成了“家里蹲”吧。一般而言，分化程度越低，异型性越高，不受控制的细胞分裂越活跃，肿瘤就很可能被判定为恶性。

在这里再多说两句，ES细胞、iPS细胞这些干细胞，都是分化程度低（未分化）的细胞，会非常活跃地进行细胞分裂。

尤其是iPS细胞，它是通过对已经完成分化的细胞进行重编程而制造出来的细胞，和癌症在原理上有共通之处。针对利用iPS细胞开展的再生医学是否会有安全问题的讨论，其实重点都在于它们“是否会引起组织的癌化”。

癌症与炎症的关系

言归正传。最近，有人指出正常组织在发展为癌症之前，会发生癌前病变。癌前病变会通过慢性的炎症等病症引发，尤其是消化系统的癌。“炎症—化生—腺癌连续性假说”在专家当中已经成为较为普遍的共识了。

很多读者应该都听说过“炎症”。炎症发生在表皮时，患部会发红并有抽痛感。这是免疫系统在起作用，保护患部。炎症在我们体内也会发生。但“化生”这个词，大家应该有些陌生。简单来说，化生就是后天产生的器官组织。

举个具体的例子吧。

例如，也许有读者听说过“反流性食管炎”这种病。

这是一种因为压力、饮食不规律、过量饮酒等原因，导致胃液或是未完全消化的内容物反流入食管，刺激食管黏膜的病症。常见的自觉症状为胸部有灼烧感和胸痛等。这时候如果观察变性的组织，会发现食管黏膜变得像胃壁一样。这种“为什么会在这里出现不该出现的组织呢？”的状态，就叫作化生。很不可思议吧！但问题在于，化生得像胃壁一样的食管黏膜，还有化生得像肠壁一样的胃黏膜，在之后会发生癌化。为什么会这样呢？

长期处于慢性炎症之下的组织，因为种种原因会不断重复细胞分裂，而不断进行细胞分裂的组织会积累突变。突变会以一定概率发生（虽然概率极低）。而当突变的概率一定时，细胞分裂的次数越多，该组织内突变的细胞自然也就越多。

这就是“炎症—化生—腺癌连续性假说”。基于这个假说来思考，那么在我们日常生活中可能提高患癌风险的因素，简而言之就是“可能使组织发生炎症的事物”有些什么呢？

我时常会听人说“我的家族中得癌症的人很多”。

这话说得没错，确实有人在遗传上更容易患癌症。如果突变在生殖细胞（精子或卵）中积累的话，就会遗传给后代。

不过大家可别认同得那么快。大多数情况下，个人身上发生的突变都与生殖细胞无关，不会遗传给后代。生殖细胞本身就是会频繁分裂的细胞，即便我们什么也不做，基因也会以一定的概率发生突变。不如说，它们在很积极地进行基因重组。

不变，是生命的基础。而不断改变，也是生命的基础。这话猛一听，的确十分矛盾。为了维持现有的生命活动，生命不能发生改变。但与此同时，从长远来看，一点一滴的变化才是进化的原动力。不好意思，稍微有些跑题了。

回到正题。容易患上癌症，的确和基因突变有关。因此，即便暴露于同样的致癌风险下，因为基因突变的不同，也会有人更容易患癌，有人更不易患癌。然而，即便是更容易患癌的人，也不意味着他们一定会得上癌症。这一点是有着本质不同的，请大家注意。

安吉丽娜·朱莉与基因检测

而且，无论具有怎样的基因突变，可以说是只要发生老化，我们体内就一定会产生癌细胞。也就是说，受遗传因素影响，再加上环境因素（致癌风险）和老化导致的身体机能下降，这些因素综合导致了癌症发病。话虽如此，了解遗传因素对是否容易患癌的影响，也许依旧是一件很重要的事。2013年的新闻报道中提到，演员安吉丽娜·朱莉在基因检测中得知自己患上乳腺癌的风险很高，便接受了预防性手术。

她自己也说，虽然在基因检测中得知自己患癌风险高，但这并不意味着所有人都应当接受预防性手术。这不过只是众多选择中的一种。即便在检测自己的基因突变后发现自己患上无法治疗的癌症的风险很高，这也不意味着我们就能够加以预防。想要预防，最重要的还是从现在开始踏踏实实地做检查，争取在早期就发现癌症。不过，正如我在一开始提到的那样，日本已经进入了有三分之一的人死于癌症、有二分之一的人在一生会患上癌症的时代。

方才提到，我时常会听人说“我的家族中得癌症的人很多”。毕竟患有癌症的人已经非常多了，在大家身边有癌症患者，也不是什么稀奇的事情。癌症也可以说是一种老化现象，老龄化社会中癌症患者增多是很正常的事情。也可以说，这是人们不再死于其他疾病导致的结果。

实际上，相比于遗传因素，环境因素是一种影响更大的致癌风险。之所以这样说，是因为生活方式相同的人，会很容易换上相同的疾病。例如，一家人的饮食生活必然是相同的。而同一个家族的人，做饭的口味、使用的食材也大多很相似。口味重的家族，更容易患胃癌和高血压。这和遗传是没有关系的。

与基因突变无关，目前已知的、确实能够预防的癌症有胃癌和宫颈癌两种。患胃癌的原因之一，是幽门螺杆菌这种细菌导致的胃壁炎症。

幽门螺杆菌是一种很棘手的细菌。慢性炎症虽然并非癌症的唯一原因，但从上文提及的“炎症—化生—腺癌连续性假说”的角度出发，消除慢性炎症这一原因的话，从结果上能够起到预防癌症的作用。

癌基因的种类

宫颈癌多为感染人乳头瘤病毒（HPV）导致的。当然，这也并非患上宫颈癌的唯一原因。不过，疫苗对于防治HPV有很好的效果，宫颈癌的癌前病变也较为容易发现。可以预防的癌症甚至可以被称为宫颈癌最大的特征。

宫颈癌发病风险与拥有多个性伴侣及多孕多产呈正相关。近年来，随着初次性行为年龄的下降，发病有年轻化趋势，引发了人们的关注。与大多数癌症随着年龄增长而患者增加不同，宫颈癌的高发年龄是25岁至40岁，因此又被称为“mother killer（母亲杀手）”。

这个别称有两个意思：一个是治疗手术会导致不孕，也就是让未育女性“失去成为母亲机会的疾病”；另一个则是“夺走孩子们母亲性命的疾病”。

宫颈癌通过接种HPV疫苗和定期体检，几乎可以完全预防，但注射疫苗的副作用当中，有一些极其罕见的有害事项被人们过度渲染，因此阻碍了疫苗的普及。

如今人们对癌症的研究本应向着与基因无关的预防的方向努力，但最新的研究却显示，癌化是有着共通的基因的。

我们都拥有所谓的癌基因（oncogene）。这个名字可能会引起大家的误会，准确地说，癌基因指的是“在组织癌化时会异常运转的基因”。也就是说，当癌基因无法正常运转时，我们患上癌症的可能性就会增加。

癌基因有许多种，我们已经发现了能够抑制癌基因功能的基因，那就是p53基因。p53基因能够合成蛋白质。

p53蛋白质是活性转录因子，能够控制细胞分裂的周期。转录指的是信使RNA从DNA中读取遗传信息的过程。也就是说，p53蛋白质是能够控制其他基因的表达，保证细胞正常分裂的蛋白质。更加准确地说，当基因和细胞受到巨大损伤时，p53蛋白质就会起作用，引起细胞凋亡（apoptosis）。

◆癌症与基因的关系

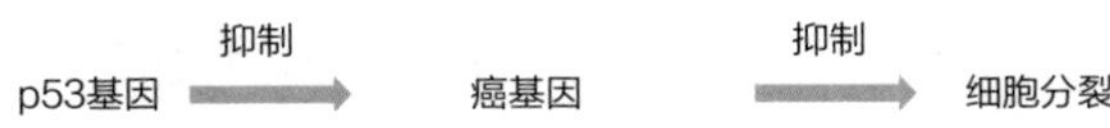

- 癌基因突变，细胞分裂无法得到抑制，可能导致癌症
- p53基因突变，癌基因无法得到抑制，癌症更容易恶化

如果p53基因出现问题，无法抑制癌基因过剩的功能，或是无法引发细胞凋亡，就会引发癌症。有许多组织都会发生癌化，而目前已发现的恶性肿瘤有一半都出现了p53基因的突变。p53基因一旦突变，患者服用的抗癌药将难以起效，对放射治疗也会出现抗性。

但p53基因的突变虽然会使组织产生癌化的可能性增加，但究竟是什么组织更容易癌化却并不确定，科学家们目前仍在研究过程中。不过，就算p53基因再重要，当它过多地表达时就会有害。p53基因过多表达的转基因小鼠虽然癌症发病率降低了，但它们的组织老化却变快，寿命也缩短了。

看来，生命的原理并没有那么简单呢！

人们针对癌症的研究是按照器官、组织和细胞以及基因的不同而分别开展的。癌症根据组织和细胞的不同而千差万别，不存在万能的疗法。比如说，白血病总共有8种，而组成肺部的细胞有多少种就有多少种肺癌。在现阶段，有的癌症的愈后效果很严峻，有些则已经有了成形的疗法，其中有一些的治疗效果还得到了明显的提升。

今后，人们应该更加有重点地研究各种不同癌症的治疗方法。通过研究，在十几年以后，我们很可能就能够发现在不同器官、不同组织、不同细胞中，p53基因是和什么基因相互影响产生癌化的，并能够开发出相应的治疗方法。

致癌物质究竟是什么

再来讲一讲致癌物质吧。

世界上第一个证明致癌物质引发了癌症的人是日本人山极胜三郎（1915年）。他发现有很多烟囱清扫工都患有皮肤癌，便将煤焦油涂抹在兔子的耳朵上，而引发了人工癌。煤焦油是将煤炭干馏获得的物质，在煤炭中的含量也很高。这个实验的原理非常简单。持相同想法的研究者也有很多，但全部都在几个月之内放弃了。

但山极胜三郎却将实验坚持了3年，最终获得了成功。烟囱清扫工在癌症病发之前需要差不多10年的时间，山极早已做好准备，自己的实验也可能需要相应的时间。煤焦油中虽然含有多种致癌物质，其中之一的吖啶同时也是证明DNA三联体密码假说时所使用的重要物质。简而言之，致癌物质也就是能够引发DNA突变的物质。

在2011年的东日本大地震[1]的福岛第一核电站事故之后，对放射性物质变得过于敏感的人也变多了。因为放射性物质也具有致癌性。

美国遗传学家赫尔曼·穆勒因为证明了辐射能够引发突变而获得了诺贝尔奖（1946年）。赫尔曼·穆勒是摩尔根[2]的学生，他在实验中使用了黑腹果蝇。在亲一代的苍蝇被辐射后，后代的死亡率会随着辐射剂量的增强而提高（大多数突变是致死性的）。由此，他提出了如今的限制照射剂量的“线性无阈假设”（LNT假设）。

阈值是“能够产生某种影响的分界点的值”。没有阈值，就意味着“无论多少都会有害”。世界上所有物质的

---

[1] 中国一般称之为“3·11 日本地震”。

[2] 指托马斯·亨特·摩尔根（1866—1945），美国生物学家，被誉为“遗传学之父”。

毒性都是有阈值的，难道辐射会是例外吗？

其实，赫尔曼·穆勒在实验中使用的（尤其是雄性的）黑腹果蝇是很特殊的。在他的年代，人们甚至连基因就是DNA这一点都不知道，而如今我们已经知道了，DNA的损伤是能够被迅速修复的。而只有黑腹果蝇的生殖细胞是例外，其中是没有DNA修复酶的。也就是说，黑腹果蝇尤其容易产生突变。

如今，认为无论多么微小的照射剂量都和辐射的影响正相关的想法，已经并不科学了（当然，大剂量的辐射暴露是很危险的）。在日常的安全管理中采用LNT假设是出于便利。越是不安的情况下越是需要冷静下来、科学地分析情况，就结果而言，也能够保障大家的安全与健康。

其实，比起这些几乎毫无意义的微量放射性物质，我们身边存在着更加恐怖的致癌物质，烟草就是其中之一。

比烟草更加危险的物质

烟草的烟雾中含有苯并（a）芘（主流烟气与侧流烟气中含量相当）。实验已经证明，苯并（a）芘能够引发上文所述的基因突变。按照常理来思考，当然还是少抽烟比较好。

虽然现实中存在着许多活过100岁的长寿吸烟者，但他们之所以能够长寿，也许是因为拥有能够消除烟草危害的特殊体质（目前尚在研究中）。

但在我们身边，却有一种致癌物质比起烟草更加恐怖，那就是霉菌毒素（mycotoxin）。尤其是黄曲霉素，以它的奇高的致癌性而闻名。产生黄曲霉素的霉叫作“寄生曲霉”。因为是寄生曲霉产生的毒素，因此被称作黄曲霉素。这种霉会在坚果类和谷物上生长，因此可以认为它出现在我们的生活当中是理所当然的。而黄曲霉素在做饭、做菜的温度下并不会分解，因此发了霉的食物必须丢掉。

黄曲霉素有好几种，每一种都会被肝脏中特有的酶所分解，发挥毒性。黄曲霉素在肝脏中被分解后，会与DNA结合，使细胞出故障，并发生癌化。这和精密机械中进入杂物，导致齿轮无法正常运转比较接近。

在使用小鼠进行的实验中，在每千克饲料中加入毒性最强的黄曲霉素15微克，用来喂养小鼠，小鼠100%会患上肝癌。小鼠的体重约为300克，每天进食30克左右的饲料。这就意味着，如果换算为体重60千克的人类，只要每天摄入90微克的黄曲霉素就一定会得肝癌。

大部分读者也许会说，“发了霉的东西我才不会吃”。当然了，肉眼可见的发霉食物，大家会直接丢掉。

但很多情况下，发霉的地方要用显微镜才能看到。

无论是面包还是花生，只要开了封，大家就尽快吃掉吧。总是吃剩下的食物是很危险的，千万不要觉得扔掉可惜。

我这番话说得多少有些吓人。话虽如此，偶尔吃上一两口是没问题的，大家不要太过于敏感。日本的食品卫生法关于黄曲霉素的规定是不得超过一千亿分之一。也就是说，每千克谷物中黄曲霉素的含量不能超过一亿分之一克。

检测含量超标的例子有2008年日本大阪的米饭厂家[1]三笠食品将污染的大米转卖，用于食用。在2011年，宫崎大学农学院生产的食用大米中也检测出了黄曲霉素（这些大米并不会进入市场流通）。2012年，从美国进口的花生酱中，都检测出了超标的黄曲霉素。此外，开心果、无花果干、玉米以及肉豆蔻等的调味料中，偶尔会检测出未超标的黄曲霉素。

这也意味着，易生霉的进口食品是比较危险的。实际上，这些危险也在一定程度上是因为过于抵制采后处理（防霉剂等）的消费者导致的。因为减少了化学药品的使用，反而增加了食用毒性更强的霉菌毒素的风险。可谓本末倒置。

[1] 指向学校或餐馆提供煮熟的成品米饭的企业。

自制发酵食品的注意事项

这一问题的关键在于，更加可控的究竟是什么？实际上，想要将风险降到零是不可能的。因此，无论是化学药品还是霉菌毒素，如何把它们控制在对健康无害的标准值之下，才是关键。

我个人比较在意的，是近来颇为风靡的自制发酵食品热潮。如果方法正确自然没有问题，但发酵，简而言之就是培养细菌，如果管理不得当，很可能会同时培养出有毒细菌。制作发酵食品的基础，就是将容器和器具彻底灭菌，并将制作场地和双手彻底全面地杀菌。

也许大家觉得“杀菌”这个词听起来更刺耳一些，但实际情况却正相反。杀菌是“减少细菌”的意思，而灭菌才是“消灭细菌”的意思。因此大家需要理解的就是，杀菌之后，细菌依旧会存在。霉的孢子在厨房的空气中要多少有多少。而使用的器具，是必须彻底灭菌的。

食品卫生的基本原则有三点：尽全力减少开始制作时的细菌；制成后的食品要尽快吃完；筷子碰过的食品不要剩下。只要食物的味道和气味一变，就应该丢掉。在这一点上，我甚至认为应该把“心疼可惜很危险”当作标语宣传。

还有一点需要告诉大家的是，有一种谣言称“便利店盒饭还有大厂家生产的面包不容易腐坏、不容易生霉，是因为里面加入了有害的防腐剂和防霉剂”，但这完全是误会。

食品装配机的生产线和家庭厨房在杀菌级别上有天壤之别。装配机内的空气也经过了过滤，接近于无菌状态。细菌的数量和霉的孢子本身就很少，因此才不易腐坏、不易生霉。气候潮湿的地方，每天都要和霉做斗争。如果大家真的很担心吃到致癌物质，不如先从家庭内部的食品处理开始做起。

但如果过于敏感，患癌风险又会因为压力太大而提高。大家先从多吃未腐败的新鲜食品，不剩余食材开始做起如何呢？

关于癌症，目前根据癌症种类确立的重点疗法中，有些的确具有惊人的疗效，但这并不意味着所有癌症都能被治愈。因此，目前我们应当着力于预防。尤其是按照“炎症—化生—腺癌连续性假说”，避免慢性炎症才是最好的癌症预防。

如果介意致癌物质，那么距离我们最近，又意外地容易被忽视的就是霉菌毒素。应对细菌和霉菌的基本守则是：首先是不产生（手、容器和器具要杀菌，食材要彻底加热）；其次是不增加（不放置于室温下，长期保存的食品不要减盐减醋）；尽可能不剩余食材（一旦变质就要处理掉）。

环境和生活习惯也会影响癌症的种类。有一个很有趣的研究，能够作为环境对癌症发症的影响的佐证。研究显示，日本人如果迁居到夏威夷，患胃癌的风险就会降低。

但与此同时，患前列腺癌、乳腺癌、结肠癌（大肠癌的一种）的风险会提高。这恐怕是因为，移居者的包括饮食习惯在内的生活习惯，从重盐的日式习惯转变为重油的欧美式习惯的缘故。

归根究底，和人们常说的养生方式一样——压力不要太大、不要烟草、不要暴饮暴食、营养要均衡、吃东西不要应付了事。虽然听起来朴素，但这却是不损伤基因的诀窍。

Part 2

扣人心弦的基因科学

基因检测能够发现的事情

安吉丽娜·朱莉动手术的理由

2015年3月，演员安吉丽娜·朱莉（安吉）宣布自己决定接受第二次手术。但她并没有得病，而是在得病之前就进行了手术。第一次手术是在2013年进行的。

她之所以要动手术，是有原因的。她在接受基因检测后发现，自己的***BRCA1***（乳腺癌1号基因）和***BRCA2***基因可能产生了突变。据统计，拥有这种突变的美国女性有87%的概率将来会患上乳腺癌。

而这一突变还有50%的概率会让人患上卵巢癌。因此，安吉在第一次手术中，切除了双乳中的乳腺。乳腺是分泌喂养婴儿母乳的器官。

一般来说，这类分泌器官中蛋白质合成（也就是基因表达）很旺盛，相比其他器官癌化的可能性更高。安吉在定期体检中发现自己有患卵巢癌的征兆（炎症），便与医生商议，最后接受了摘除卵巢和输卵管的第二次手术。

在摘除的卵巢中虽然发现了肿瘤，不过肿瘤是良性的，而且发现时还处于早期，对健康没有影响。不过，因为无法继续合成卵巢所分泌的激素，她今后必须坚持雌激素替代疗法。这种疗法和所谓的更年期综合征是相同的。

安吉之所以这样做，据她所说是受到了自己母亲、祖母和姨妈三位近亲都死于卵巢癌的影响。她身上的*BRCA1*和*BRCA2*基因的突变极大的可能是家族性（遗传疾病的原因）。不过，就像她自己所说的那样，并不是一旦基因突变就必须立即做手术。这不过是她的选择之一。

这里提到的概率高，简单说来就是容易患病。在生物学上这被称作“外显率”，指的是基因发生突变时，性状改变的比率。因为从基因到性状表达之间受到许多复杂因素的影响，基因突变有时并不一定会反应在性状的变化上。与疾病相关的基因如果外显率高，就意味着发病风险高。

这一数字是针对某一群体开展的长期跟踪调查得出

的统计结果（被称为队列研究）。因此，大多数情况下国外的数据是不能直接套用在日本人身上的。虽然同为人类，但人种和民族的不同，会让基因的构成产生微妙的差别。

因此，日本人在进行相同的检测时，需要以针对日本人为对象的队列研究作为判断标准。我想大家对“队列研究”这个词还比较陌生。举例说明，新闻报道和电视节目中说：“每天喝4杯咖啡的人不易患某种疾病。”喜欢喝咖啡的人听说了会很高兴，不喜欢喝咖啡的人也许会很失落。

但大家在听说这种消息时，多留心一些比较好。

因为这种调查结果仅仅显示了两件事之间的存在关联，并不能保证二者之间存在因果关系。极端地说，这种现象也许并不是因为喝了咖啡才不患病，而仅仅是因为不患这种病的人，因为其他原因爱喝咖啡而已。

又或者是那种疾病是因为压力导致的，而每天有空喝上4杯咖啡的人，因为生活更加游刃有余才不会患病。如果是这样的话，压力大的人不去想办法减轻压力，而勉强自己每天喝4杯咖啡去工作，反而可能会对健康有害。

生理学的机制如果没有经过科学的验证，大家还是不要为此或喜或忧比较好。

飞入寻常百姓家的基因检测

言归正传。安吉接受的基因检测如今已经不再特别，最近也被称作OTC基因检测。OTC是“over the counter”（柜台发售）的缩写，一般指的是不需要处方就能够买到的药品，也就是在药店等地能够买到的市售药品。

简单来说，OTC基因检测并不是需要在医生指导下开展的检查，而是一种民间的服务。它的低门槛来自检测所需的（消费者所做的）步骤非常少。最主流的方法，仅仅需要在专用容器中存入一定量的唾液，并返还检测机构即可。容器中装有试剂，能够溶解唾液中的口腔黏膜细胞的碎片并保存DNA（这就是样本）。检测机构会用消费者送还的样本进行必要的检测。

OTC基因检测并不会像人类基因组计划将约31亿个碱基对的人类染色体全部检测一遍。

基本上，OTC基因检测只会关注特定的基因，并检测相关基因（或是其周边的核酸序列）的一部分是否发生了突变。近来的许多简易检测，尤其会关注单核苷酸多态性（SNPs）。在基因组中，单个核碱基的差异多达数百万个。SNPs就是这些差异中，某一集团中1%以上的人所共有的突变。

也就是说，检测结果显示的并不是个人的突变，而是一定人群所共有的突变。总结来说就是，在同一基因中，也会因为部分的突变而易患或不易患特定疾病。这些能够通过队列研究统计出结果。但就像上文提到的那样，统计结果能够显示的终究只是概率，患病的生理学机制目前还没有被人们揭开。

根据人种和民族的不同，同一突变的外显率（突变反映在性状上的概率）也会不同。希望研究者们在推进研究时，能够考虑到这些群体不同造成的患病差异。

也许会有读者想："不过是1个核碱基突变了而已，会有这么大差别吗？"人类基因组中超过七成和维持生命没有直接的联系，这些领域的突变是不会有危害的。

但如果在关键的基因中发生突变，就会出问题。基因确定了蛋白质的合成方式，蛋白质决定了氨基酸的序列。氨基酸的序列是由3个一组的核碱基决定的。核碱基只要改变1个，密码子就会随之改变。密码子改变了，氨基酸的序列可能就会改变。

如果氨基酸的序列改变了，蛋白质的形状也会改变。蛋白质改变的话，就会对生命活动产生影响。如果只变化一点还没有关系，但也有一些变化会造成巨大的影响。

实际上，有时仅仅1个核碱基的不同，就会引发致命的疾病。这听起来有些危言耸听了，其实“仅仅1个突变”引发的疾病并不算多。单一疾病也是和许多个基因相关的。像孟德尔的实验那样，1个基因决定1个性状的简单例子，反而是例外。

开展基因检测的企业

有一个开展OTC基因检测的知名企业，叫作“23andMe”。它因为仅需99美元就能够开展基因检测而引发热议。创始人之一的安妮·沃西基在耶鲁大学学习生物学，毕业后进入美国国立卫生研究院（NIH）和加利福尼亚大学圣迭戈分校（UCSD）开展分子生物学的研究，后又在投资医疗创业公司的企业担任过顾问。

2006年，她成立了23andMe，并在第二年与Google（谷歌）的联合创始人兼首席技术官谢尔盖·米哈伊洛维奇·布林结婚，她育有一儿一女，后在2015年春天离婚。

23andMe从Google等公司获得了巨额融资，沃西基与布林的冠名财团（Brin Wojcicki Foundation）也没有解散。目前看来，两人虽已离婚，但公司的运营并没有受影响。

但在2013年，美国食品药品监督管理局（FDA）责令其停止销售服务，23andMe在事实上已经进入了停业状态。23andMe可以继续向在被责令停止销售服务之前购买服务的客户提供服务，健康信息之外的服务也在继续提供，仍旧在继续接待客户。

而到了2015年2月，FDA对23andMe下发了针对布鲁姆综合征[1]这种疑难病症的许可。因果关系已经经过科学证明的病症检测，今后应该也能够获得许可。

包括23andMe在内的基因检测机构如同雨后春笋般出现，但实际上，出于对非医疗机构是否能够诊断遗传疾病的发病风险的担忧，美国对相关资质的发放标准愈加严格，有许多企业都关闭了自己的店面。在非医疗机构诊断发病风险，究竟有什么值得担忧的地方呢？

这些简易检测（尤其是SNPs）能够评价的，归根究底也只不过是概率。就算拥有某种SNPs的突变的人有八成会患病，但仍旧有两成的人不会患病。

不仅如此，没有该SNPs突变的人，并不意味着他们的患病风险就是零。与患病相关的基因本来在多数情况下

[1] 学名为“小儿面部红斑侏儒综合征”，又称“侏儒面部毛细管扩张综合征”，主要表现为侏儒、对光敏感和面部毛细血管扩张性红斑。

就不止一个，我们现在对于究竟是哪个基因产生了何种影响还知之甚少。

因此，SNPs数据虽然能够作为医生诊断时的参考，但并不会作为绝对依据。监管机构认为不接受专业的诊断，仅凭一个概率性的数据就交由消费者自己做判断会对社会产生危害。这也是没有办法的事情。

有些刀子嘴的人会讽刺称，这类OTC基因检测和神签以及不靠谱的保健食品没什么两样。实际上，大多数日本企业也仅仅通过简单的检测查出肥胖和脱发的概率，把它们当作宣传保健食品的切入口。仅看网络上的那些宣传，消费者很多时候并不清楚检测的究竟是什么基因。

◆SNPs的例子:乙醛脱氢酶

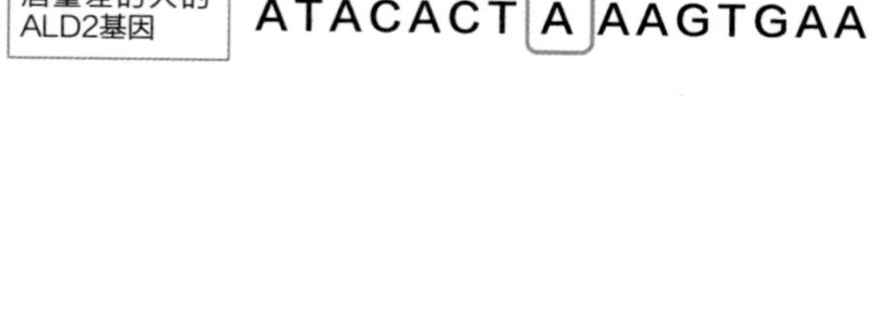

酒量好的人的ALD2基因	ATACACT [G] AAGTGAA
	只有一处不同
酒量差的人的ALD2基因	ATACACT [A] AAGTGAA

◆SNPs检测法的例子：在使用PCR法时多花点工夫来检测

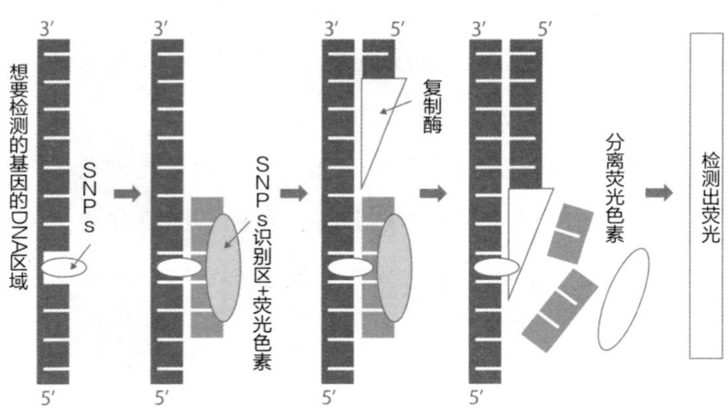

在使用PCR法检测时，只要在有SNPs的区域和互补的DNA片段上加入混有荧光色素的试剂，就能在存在SNPs时检测出荧光。DNA有3’端和5’端，复制酶只能按照从3’到5’的方向来合成DNA。

就我个人而言，如果清楚自己通过检测能够获得哪些信息，那么把这类服务当作乐子也没什么不可以。但消费者还需要下功夫学习一番。总之，目前看来这类民间提供的服务，并没有达到医疗层面，只不过是基于“好玩”开展的服务。如果今后想要正式加以普及，还需要摸索如何同医疗机构开展合作。

基因检测之所以变得触手可及，也和检测费用降低有关。这是因为通过聚合酶链式反应放大DNA变得比以前更加容易，而凭借被称为“DNA芯片技术[1]”的分析方法来确定目标基因是否存在也变得简单了。DNA芯片是一种应用了分子杂交（利用互补DNA配对的分析方法）技术开发出来的，能够检测出已知基因的方法。

今后，随着DNA测序器性能的提高和生物信息学的发展，31亿个碱基对全部被分析，目标基因将其周边的核酸序列全部被数据化之后，一定能够进行更加精密的诊断吧。

基因检测的未来

但在眼下，仅凭1个基因的突变就能够解释疾病原理的情况还极其罕见。一般而言，疾病都有着多个影响因素，彼此之间错综复杂，目前的研究还不足以对其全部加以说明。因此，基因检测的结果归根究底不过只是发病风

[1] 即“DNA 微阵列”。是带有 DNA 微阵列涂层的特殊玻璃片，在数平方厘米的面积上安装数千或数万个核酸探针，经由一次测验，即可提供大量基因序列相关信息。

险（概率）。同时，仅凭SNPs的突变来预测，根据疾病的不同，有时预测的准确度并不算高。

说白了，疾病不仅由遗传导致，也会受到环境的影响。遗传和环境影响占比的个体差异很大，目前还没有足够的数据能够帮助我们做出统一的判断。当然，随着今后研究的不断深入，预测的准确度应该也会提高。

基因检测结果中值得我们关注的，不仅有疾病的发病风险，还有疾病的确诊、个人对治疗药物的敏感程度（效果或副作用）以及产前诊断等许多方面。

而遗传信息作为一种高度的个人隐私，对它的管理在今后也会成为更加重要的社会问题。我们必须谨慎对待。

在把握好底线的基础上，这一领域的发展今后必将受到人们极大的关注。

基因治疗的现状

某位少年之死

1999年9月，美国少年杰西·基辛格短短18年的生命落下了帷幕。他是世界上第一位因为基因治疗失败而死亡的患者。

基辛格患有鸟氨酸氨甲酰基转移酶（OTC）缺乏症，这是一种先天性的疾病。在日本也被列为疑难病症，每1.4万人中有1人患病。

鸟氨酸氨甲酰基转移酶是一种在肝脏中将有毒的氨代谢为无毒的尿素的酶。鸟氨酸氨甲酰基转移酶缺乏症的患者用于合成鸟氨酸氨甲酰基转移酶的基因产生了异常，体内不存在这种酶。因此，他们体内的氨浓度很高，重症情况下甚至会对大脑产生危害。

这种病目前还没有能够根治的疗法，只能够将饮食中的蛋白质控制在极低的水平，并通过用药开展对症治疗。饮食控制非常严格，让人很受拘束。一顿饭最多只能吃半个热狗，这对还是青少年的基辛格来说相当痛苦。

同时，他每天还得吃32颗药。但他当时并不处于命悬一线的状态。更准确地说，基辛格是作为临床试验的志愿者接受基因治疗的。他自己应该也觉得如果能够治愈是很幸运的吧。

在基辛格之前，已经有17人参加了同一个临床试验。当然，基辛格明白试验是具有危险性的。但他曾经对朋友说过，自己做好最坏的打算也要参加临床试验，是为了能够帮助和自己患有同样疾病的新生儿们。

给大家讲一讲更久远的故事吧。

基因治疗的设想，最初起源于20世纪70年代。那是一个分子生物学得到发展、基因重组技术得以确立、基因工程不断推进的时代。但实际上，从操作微生物的层面来到实验动物的层面，有着相当大的差异，更不用说将这些技术应用于人类的医疗。想要打消安全方面的疑虑，需要相当庞大的研究量，这一点应该不难想象。

在这种情况下，美国成功实现了对先天性免疫缺陷病之一——腺苷脱氨酶（ADA）缺乏症的基因治疗。这是

1990年9月的事情。

腺苷脱氨酶是分解核碱基之一腺苷的酶。腺苷是合成生物体内化学反应中所需的高能化合物腺苷三磷酸[1]（ATP）的材料，但当其超过必要浓度时，对细胞就会有毒性。尤其是未成熟的淋巴细胞很容易受到影响，腺苷脱氨酶缺乏症患者的淋巴细胞数量很少，会产生免疫缺陷。

准确地说，针对腺苷脱氨酶缺乏症的基因治疗的效果虽不完美，但的确是世界上第一个成功的基因治疗案例。接受治疗的阿善蒂·德席尔瓦当时只有4岁，在她之后4个月接受治疗的辛迪·基西克[2]当时10岁。治疗并未彻底治愈疾病，她们在接受基因治疗依旧要坚持酶替代疗法。

但她们在治疗后能够走出无菌室，和家人们一起生活，能够上学交朋友，治疗效果还是值得肯定的。在2013年，她们还被邀请参加美国免疫缺陷病基金的年会，向大家展示了自己充满活力的身影。日本也于1995年成功实现了同样的治疗。

[1] 学名为“腺嘌呤核苷三磷酸”。

[2] 此处是基于日语发音音译，疑为辛西娅·卡特歇尔（Cynthia Cutshall），与阿善蒂同期接受基因治疗的女孩。

基因治疗

基本的基因治疗的设想，是导入外源基因来合成必需的蛋白质，以此取代无法正常合成蛋白质（大多数是酶）的突变基因。因为与多个基因相关的疾病的发病机制很复杂，目前大多数基因治疗，都是以明确病因为单一基因的疾病为治疗对象的。

上文提及的腺苷脱氨酶缺乏症以及鸟氨酸氨甲酰基转移酶缺乏症都是因为某一种酶失活而发病的。因此，在理论上，只要能够合成正常的、具有活性的酶的基因得到表达，病情就能够改善。而为此将所需基因转移至细胞内的物质被称作载体。

基因治疗中的载体多为经过灭活的病毒。病毒性疾病，是病毒通过自身所携带的染色体在宿主细胞内繁殖并破坏宿主细胞的疾病。通过重组DNA技术，可以从病毒的染色体中删除与病毒的自我增殖相关的基因，并插入基因治疗所需的基因。

如此一来，所需的基因借助病毒的感染力被转移至宿主细胞内，让受体能够合成正常的酶。

那么，为什么阿善蒂的治疗成功了，基辛格却失败了呢？原因并不在于基因治疗的原理，而是因为不成熟的治疗方法和病理（疾病的性质）。腺苷脱氨酶缺乏症的治疗对象是造血细胞（淋巴细胞被分类为白细胞），将载体放入由自身骨髓分离至体外的造血细胞中，采用和骨髓移植相同的方法植入体内。

◆基因治疗＝基因转移

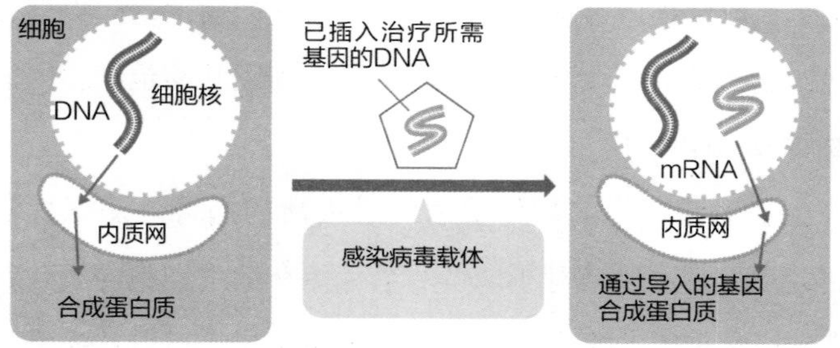

因为基因不工作而引发的疾病，需要从外部导入正常的基因。将所需的基因插入已经去除含毒基因的病毒中，并使患者感染，就能够合成正常的蛋白质。

只要腺苷脱氨酶的活性有些微的提高，腺苷脱氨酶缺乏症就算是恢复了大半。

虽然实际上还需要通过酶替代疗法来加以补充，但患者也不需要继续在无菌室中生活。

鸟氨酸氨甲酰基转移酶缺乏症的治疗对象则是肝细胞，在治疗时是将载体直接注入肝脏的。但感染了载体（病毒）的肝细胞却因遭受到免疫系统的攻击而受损。

在基辛格之前参加治疗的17个人身上都发生了相同的事情，不过基辛格的免疫反应太强了（有分析称载体的数量对他而言太多了，也有批判声音指出这个试验太过于勉强）。

破损的肝细胞流出了大量蛋白质并进入血液中。而鸟氨酸氨甲酰基转移酶缺乏症正是无法代谢蛋白质的疾病。基辛格可能是因为血液中的氨浓度急剧上升，最终因此死亡。我说基辛格死亡的原因并不在于基因治疗的原理也是因为这一点。

然而在此之后，针对其他疾病开展的基因治疗中也出现了多起患者死亡的例子。这些案例的原因有的是导入基因的染色体位置不好，有的是外源基因插入了正常的基因序列，导致了细胞癌化。

这些就与基因治疗的原理相关了。外源基因的转移基本上是依靠概率的。插入染色体的位置也是随机的。最近随着“基因组编辑”这一技术的发明，插入位置比以前更加可控，但基本而言基因治疗技术无法把基因插入所选择的染色体部位。

也就是说，想要提高基因治疗的安全性，需要改良载体，更加安全的载体最近已经被开发出来了。通过使用我们在日常生活中多次感染过的病毒，来消除病毒感染可能带来的消极影响。当然，在此之前，必须进行多次试验来确保安全。

再生医学与iPS细胞

近来最受人关注的基因治疗的目标就是癌症。针对癌症的基因治疗主要分为两大类：一种是将癌基因正常化；另一种是诱导癌细胞的基因表达，使其进行细胞凋亡。

癌基因的名字很容易让人误解，它平时其实是能够抑制癌化的基因。而在因为某种原因突变之后，在细胞癌化时，其功能或是低下，或是过度增强。因此，人们才希望能够让这类癌基因恢复正常。近期最受关注的就是microRNA（miRNA）。有研究证明miRNA功能的异常可能引发某些癌症，因此让miRNA恢复正常正是研究的目标之一。

通常情况下，出了问题的细胞会自己停止运转并分解，这种现象被称作“细胞凋亡”。这种被设定好的细胞死亡，也被形容为“细胞自杀”，在形成身体各个部位时也是一种必需的细胞功能。在细胞老化、受损、无法恢复时，就会开始细胞凋亡；而当细胞凋亡出错时，就会发生癌化。

这就是研究的第二个目标，导入基因，让癌化的细胞发生细胞凋亡。目前，人们正在开展许多临床试验。在部分白血病的治疗当中也显示出了疗效。

除了癌症之外，人们也对部分已查明致病基因的视网膜色素变性开展临床试验。看到“视网膜色素变性”这个词，有些读者可能会回想起日本开展的iPS细胞临床应用的新闻。当时日本使用了iPS细胞制作的器官进行移植，这在世界上还属首次。当然，到目前为止还没有出现任何问题。

再生医学严格意义上来讲并不属于基因治疗，但它作为基因工程中未来可期的一种医疗方式受到人们的关注。在本节中，我也将对再生医学做简要介绍。

再生医学的目标之一，就是开发出器官制造技术。简单来说，就是人工制造出移植给患者们的器官。当然，机械人工器官的开发目前正在不断推进，但在本节中，我将只介绍真正的（从培养细胞开始做起的）人工器官。

iPS细胞在再生医学中受到关注的原因之一，就是能够使用与患者基因组相同的细胞来制造出移植器官，这在理论上和自体移植一样。这也就是所谓的克隆，可以避免器官移植带来的排斥反应。这样一来，患者就不必终生服用免疫抑制药物，QOL（quality of life：生活质量）也能提高。而iPS细胞诚如其名，拥有“多能性”，最大的魅力之一就是能够诱导出产生器官的细胞。

然而在眼下，iPS细胞的分化还停留在细胞层面上，还不能够随心所欲地生成器官。现在看来，皮肤这样的薄片状的器官比较容易制造。前文提及的视网膜色素变性也是一样，视网膜是平的层状组织，相比而言制造起来更加容易。而真正的器官是由多种多样的细胞维持的有序的立体结构，其中还分布着血管网和分泌管。

全世界的科学家们都在不断探索，希望能够自由地控制细胞组成器官结构。其中还有一些3D打印机和细胞培养相结合的研究。

当前，我们还无法在人体外制造器官。然而不可思议的是，如果将用来形成器官的细胞团块移植进人体，细胞团块居然能够成长为器官。由此，人们产生了一个想法，那就是建造一个“器官农场”，让动物代替人类来制造器官。

当然了，器官农场还远远无法进入试用阶段，目前研究人员们还在持续开展研究。人们想到的用于生产器官的动物是猪。因为猪的内脏无论是在生理学的功能上，还是在解剖学角度的大小上，都和人体很类似。

如果让普通的猪来生产人类器官，或是把猪的器官移植到人身上，都会产生强烈的排斥反应。所以，人们正在开展实验，制造一种拥有使用人类细胞生成的器官的奇美拉猪。所谓奇美拉，就是拥有不同遗传信息（基因组）的细胞同时存在于体内的个体。具体而言，就是培育一个有免疫缺陷且摘除了合成目标器官基因的猪胚胎。在胚胎产生时，就在其中混入人类的细胞。这样一来，诞生的猪体内就会产生人类的器官，来填补被摘除器官的空缺。

相同的实验在小鼠身上已经成功了，随着研究的进一步深入，在猪身上很可能也会取得成功。目前人们正在进行免疫缺陷猪的培育工作。

最后，我还想讲一下社会上存在的一些关于基因治疗的问题。有些私营医生对新型的治疗方法大加宣传，让人误以为那些疗法十分有效。当然，这些治疗方案都是自费的，其中有很多治疗方案的价格还十分高昂。

看到这里的读者朋友们应该都明白，在目前这个阶段，我们所说的“基因治疗”也好，“再生医学”也好，还仅限于实验阶段，效果和安全性有保障的不过是其中极少的一部分。

而且，在宣传中暗示新型疗法对所有人都有效，也存在着很大的问题，也确实出现了因为治疗无效而遭到患者起诉的案例。当然了，我并不是在批判所有的自费治疗，这点还请大家不要误会。

这是性命攸关的大事。我衷心地希望各位患者和家属们能够做出冷静、科学的判断。

山中伸弥教授
iPS细胞是再
生医疗的王牌
之一呀！

病毒的故事

病毒有生命吗

要说可怕，应该没有什么比突然流行起来的疾病更加可怕的了。人类和疾病之间的战争，即便在科学已经如此发达的如今，也毫无终结之意。能够导致疾病的原因多种多样，在本节中，我将集中为大家介绍与基因直接相关的病原体——病毒。

实际上，关于病毒究竟是不是生命这一点，还存在争议。之所以会有争议，是因为病毒是无法仅凭自己独立存活的。那么，病毒又是如何存活的呢？病毒会进入其他的细胞当中，并利用其中的细胞器来生存。

病毒进入细胞的过程被称作“感染”。但病毒并不能感染所有的细胞，每种病毒都有对于自己来说容易感染的细胞。病毒对于细胞的种类、所属的器官的“喜好”非常细致多样。例如有一种名为“噬菌体”的病毒能够感染细胞，但不同的噬菌体会感染的细菌种类也不同。

但也有一些病毒能够跨物种感染。这类病毒多是所谓的“病原性病毒”，实在是让人头疼。例如流感病毒，它能够在猪、禽类和人类之间感染。

更加准确地说，流感病毒在禽类和猪、猪和人之间能够共患。流感病毒对于禽类来说，并不是很严重的疾病。而禽流感在突变后，才能够感染人类。

流感每年都会流行。我们可以通过注射疫苗来预防传染病，但流感病毒突变快，人类的免疫功能跟不上病毒的突变速度。而流感病毒突变快的原因，就在于它在猪、禽类和人类之间是一种共患病。

实际上，当猪同时感染禽流感和人类流感之后，两种病毒的遗传信息在猪的体内被混合起来，这是一种基因重组。流感本身就是一种很容易突变的病毒，两种病毒的基因混合在一起，突变速度会进一步加快。

病毒是被称作“衣壳”的蛋白质外壳包裹的遗传信息（核酸）的集合体。核酸分为脱氧核糖核酸（DNA）和核糖核酸（RNA）两种，病毒的遗传信息在整体上来看，会使用其中一种。像乙型肝炎病毒那样同时拥有DNA和RNA的例外情况极其罕见。

◆流感病毒的感染机制

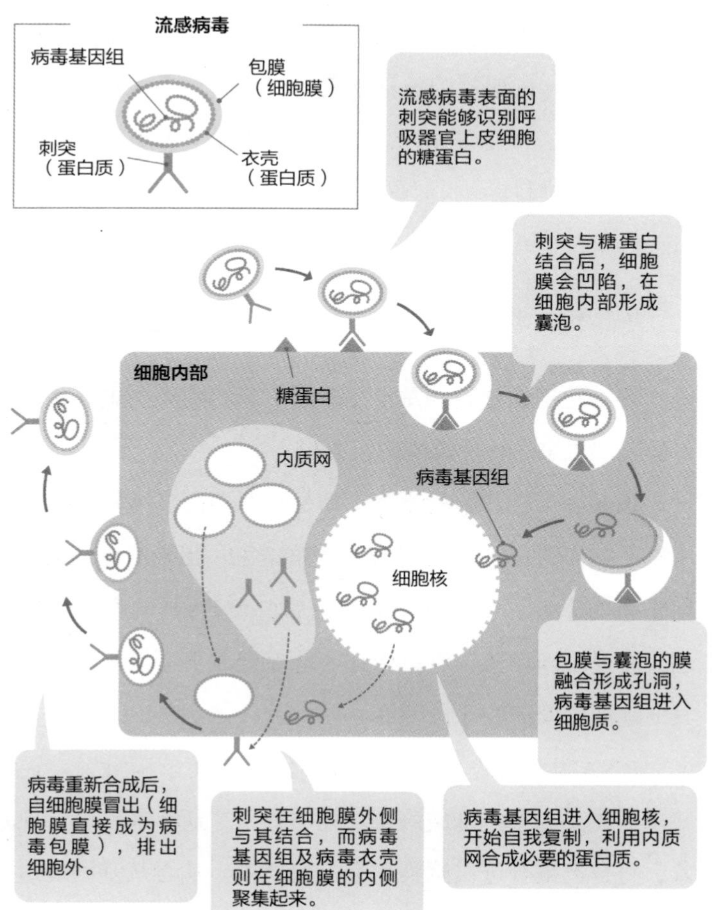

流感病毒
病毒基因组
包膜
（细胞膜）
刺突
（蛋白质）
衣壳
（蛋白质）
流感病毒表面的刺突能够识别呼吸器官上皮细胞的糖蛋白。
刺突与糖蛋白结合后，细胞膜会凹陷，在细胞内部形成囊泡。
细胞内部
糖蛋白
内质网
病毒基因组
细胞核
包膜与囊泡的膜融合形成孔洞，病毒基因组进入细胞质。
病毒基因组进入细胞核，开始自我复制，利用内质网合成必要的蛋白质。
刺突在细胞膜外侧与其结合，而病毒基因组及病毒衣壳则在细胞膜的内侧聚集起来。
病毒重新合成后，自细胞膜冒出（细胞膜直接成为病毒包膜），排出细胞外。

能够导致疾病的病毒无论哪种都很可怕，但RNA病毒的突变速度尤其快。例如刚才介绍过的流感病毒，以及能够导致目前世界上最为恐怖的疾病之一——埃博拉出血热的埃博拉病毒都属于RNA病毒。埃博拉病毒的感染力和致死率都很高，开展研究时，需要在生物安全等级最严格的四级条件下进行。

埃博拉出血热与HIV

埃博拉出血热自1976年在非洲中部的刚果民主共和国首次发现以来，在非洲中部反复流行。

但2013年底开始的流行，却是在非洲西部爆发的。利比里亚共和国在2015年5月宣布疫情结束，但到了11月又出现了新的患者。塞拉利昂共和国在2015年9月的最后一周也没有发现新增感染者，但还不能完全放下心来。非洲的其他地区仍旧需要保持警惕。

RNA病毒当中，有一类被称作“逆转录病毒”。逆转录病毒是一种特殊的病毒，能够利用“逆转录”这一现象，将自己整合进被感染细胞的DNA中。病毒从基因表达到性状为止的流程，是从DNA中读取出RNA（转录），再通过RNA合成蛋白质（翻译）。也就是说，逆转录是从

RNA到DNA的遗传信息的反向流动。

感染人类的逆转录病毒中，有一些会导致被感染细胞产生肿瘤（尤其是肉瘤），或是破坏免疫细胞。最为人所知的逆转录病毒，应该就是人类免疫缺陷病毒（HIV）了吧。

HIV是能够导致获得性免疫缺陷综合征，也就是所谓的艾滋病（AIDS）的病毒。它能够感染并破坏人体内的一种淋巴细胞——辅助性T细胞（免疫功能的司令官），导致感染者免疫力极端低下。最后，感染者甚至会被平时不会患上的、感染力很弱的细菌侵犯。

逆转录病毒在刚刚感染细胞时，会安静地潜伏在细胞的DNA内，某种原因被激活后就会开始复制，并且破坏被感染的细胞。正因为HIV破坏的是免疫细胞，所以疫苗开发的困难很大，但近些年来，人们已经开发了有效的药物（抗病毒药物）。虽然无法完全治愈患者，但已经能够将症状控制在正常开展日常生活的程度。

一般来说，抗病毒药物根据病毒种类的不同，所使用的药物组合也不同。但如今，已经出现对RNA病毒普遍有效的新药。这种药物名为“法匹拉韦”，是日本富山大学的白木公康教授和韩国釜山化学工业共同开发的RNA依赖性RNA聚合酶抑制剂。在埃博拉出血热流行时，还有过新闻报道，应该有读者也听说过这个消息。

简单来说，我们通常在转录时会合成以DNA为模板的、互补配对的mRNA。“RNA依赖性”就是“以RNA为模板”的意思，“RNA聚合酶”则是“合成与模板互补配对的RNA的酶”。而法匹拉韦，就是RNA依赖性RNA聚合酶的抑制剂（妨碍其反应的药物）。

法匹拉韦原本是作为抗流感病毒药物被开发出来的，不过它很可能对所有利用RNA依赖性RNA聚合酶的病毒都有效，而与RNA病毒是否突变无关。实际上，除了流感病毒和上文提及的埃博拉病毒以外，人们已经证实了它对诺如病毒（食物中毒的原因）也有效。

但目前还存在一个很大的问题。法匹拉韦具有致畸作用（导致胎儿畸形）。因此，法匹拉韦不得用于孕妇或是可能怀孕的妇女。而因为药物的有效成分也会出现在精液中，男性在服用药物期间以及停药后的一周之内，都必须采取避孕措施。

而人体内其实也含有微量的RNA依赖性RNA聚合酶。它在我们体内发挥着调节细胞内基因表达的作用。因为这些原因，法匹拉韦虽然获得了认可，但仅被允许在“流感流行且其他抗病毒药物无效时”生产。也就是所谓的用于应对大流行（世界范围内的传染病流行）危机管理用药物，目前在市场上没有流通。

◆关于逆转录

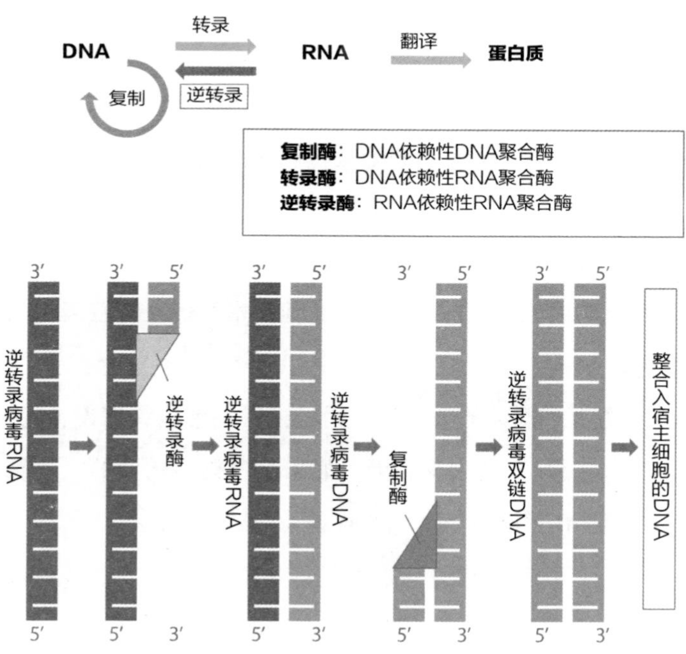

逆转录病毒在感染后能够通过逆转录酶合成与自己互补配对的DNA。之后，它利用宿主细胞的机制形成双链DNA，利用特别的酶把自己整合入宿主DNA中。DNA和RNA分别由3’端和5’端，在形成双链时会交替结合。

天花与人类的战争

传染病一旦传播开来，就会引发难以想象的后果。人类至今为止已经经历过许多次传染病大流行的折磨。其中有一种疾病，是唯一一种能够感染人类，且完全从地球上成功被根除的传染病，那就是天花。天花是自古以来就为人所知的疾病，最古老的记载可以追溯到赫梯帝国与古埃及的战争时期（公元前1350年）。

可确认的最早因天花去世的人，是埃及王朝的法老拉美西斯五世（公元前1100年）。他的木乃伊上有着天花的痕迹。

欧洲也颇受天花之苦。比如说罗马帝国，据说在165年就有350万人因天花去世。如果把感染后治愈的人也算上，那么几乎所有中世纪的欧洲人都经历过天花。

这里再多说两句，中世纪的贵族们留下了许多肖像画。活跃在文艺复兴时期的肖像画家们之间，存在着一种默契，读者朋友们知道那是什么吗？

答案就是：“不要画脸上的痘痕。”这就像今天的电脑修图一样。天花的特征，就是会在皮肤上留下坑坑洼洼的痘痕，病愈之后，痘痕也不会消失。这也从侧面说明，天花在当时的社会非常普遍。

天花和人类之间的战争，从公元前开始就一直持续着，但人类并不是一直处于劣势。人们很早就知道，对疾病的免疫反应的存在。人们总结经验发现，得过一次的病就不会得第二次，或者第二次患病时症状会很轻。

这种经验在18世纪才完全作为现代医学的一种治疗方法确立起来。当时，爱德华·詹纳发明了“种痘法”。天花的感染力很强，能够通过空气传播，致死率高达20%—50%，但在康复后就不会第二次患病。因此，詹纳采用了故意被轻症患者感染的方法。

但这种方法十分危险，致死率有2%。其实，在家畜（牛、马、猪）身上，也存在一种会留下类似痘痕的轻症疾病。这种疾病还能够感染人类，照料家畜的人经常会得病。但这种病的症状很轻，很快就能康复，而且得病的人在康复之后就不会再患上天花。

詹纳在长达18年的时间里持续观察家畜和患者，最终断定这种家畜身上的疾病和天花很相似，人类患上之后症状也很轻。在早期的实验中，他从猪痘取出脓包，种在了自己儿子的身上。这虽然成功地预防了天花，但种痘的结果并不稳定。

之后，詹纳对种痘法加以改良，在自家用人的儿子詹姆斯·菲普斯身上种了牛痘，这也是完善后的种痘法的第一个成功案例（1769年）。从如今的道德伦理角度出发，这很有可能被批判为是人体实验，但我们也能看出，这次实验开展得相当谨慎（詹纳获得了类似现在的知情同意书一样的许可）。

两年之后，詹纳将众多病例整理成论文，投稿至英国科学界的顶尖权威英国皇家学会，但并没有被当作一回事。詹纳听取了朋友的建议，自费出版了论文，他的种痘法在转瞬之间传遍了全欧洲。不过，种痘法也招致不少批判的声音。当时有人迷信称“身上种了牛的汁液可是会头上长角、屁股上长尾巴的”，不过也有人称牛痘是“附有神灵的牛的神圣汁液”。

与此同时，詹纳也在积极回应来自医生的“种痘没有效果”的指责。因为不是酪农或者从事畜牧业的农民，一般人是无法正确分辨牛痘的。因此詹纳又出版了论文的续篇，介绍正确的种痘方法。他还不断研究，追加报告了许多病例。通过詹纳脚踏实地的努力，天花凶猛的攻势也有所减弱。

拿破仑的遗言

詹纳从没打算通过种痘法来赚钱，他一直认为自己不过是英国的一个乡间医生。但在哪里还能找到对世界影响这么大的“乡间医生”呢?

时间进入19世纪。法国大革命之后，人们还没能得到时间喘息，欧洲就又进入了新的动荡。法国当时的掌权者是著名的拿破仑·波拿巴（拿破仑一世）。

因为正处于战争时期，敌对国家的人因为到处游荡而被当作间谍抓起来是很平常的事。詹纳的两位英国的科学家朋友，就在学术旅行中被法军俘虏。詹纳当时直接写信给拿破仑，请求对方释放自己的朋友。忙碌的拿破仑收到信时正在马背上，他瞥了一眼信，觉得没什么用处正准备丢掉，可当他听到了寄信人的名字时，立马惊叹道：“原来是詹纳！他的请求我可没办法拒绝！”

在军队中传播的传染病是一个非常棘手的问题。战场上的卫生环境很差，人员密集，一旦传染病开始流行就很难应对。对于拿破仑来说，发明了划时代的传染病预防方法的詹纳拥有值得夸赞的功绩。他甚至不顾詹纳是敌国公民，给了他表彰。

在伦敦的肯辛顿花园里，现在还矗立着一尊詹纳的铜像。而在遥远的日本，也有一尊以此为原型建造的铜像。日本的铜像，位于从正门进入东京国立博物馆之后右边的位置。这是为了纪念种痘法发明100周年（1896年）而建造的。为了介绍詹纳，当时的人们还为他取了个汉语名“善那”，也体现了日本人对他的尊敬。

日本正式开始普及牛痘法，是在佐贺藩开始进口疫苗的1849年以后。提到为普及牛痘法竭心尽力的人物，就不得不介绍因创办适塾（日本大阪大学前身）而闻名的绪方洪庵。他自己在8岁时也得了天花，在成为医生后也曾照料天花病人，对此颇为关注。他自掏腰包宣传牛痘法，为穷人免费种痘，还接受富人们的捐助。

迷信“种了牛的汁液会长角、长尾巴”的，不仅有英国人，日本人也是一样。洪庵等人制作彩色浮世绘“牛痘儿图”，将疫苗写作“白神”，描绘出骑着白牛的童子打败扮作鬼的天花的图景。他们为了打破民众中流传的偏见所做的贡献，一直流传至今。

时间来到了1958年。

世界卫生组织（WHO）通过了世界天花根除规划。世界范围内开始普及天花疫苗接种，天花患者迅速减少。1970年在非洲西部，1971年在中非共和国和南美，天花都被确认已经灭绝。

亚洲最后一个患者是孟加拉国的3岁女童（1975年）。1977年索马里青年阿里·马奥·马阿林是最后一位感染者。1980年，WHO宣布天花已被消灭。

目前，世界上的所有地方应当都没有自然存在的天花病毒。但这反过来也同时意味着，世界上没有任何一个人拥有对天花的免疫。如果天花现在再次出现在人类面前，必然会引发大流行。也就是说，天花有可能会被恐怖分子用作生化武器。

为了在万一之时能够制作出疫苗，全世界有两个地方被允许留存天花毒株。当然，这两处的天花毒株都处于生物安全四级的严格管理之下。这两个地方一个是美国疾病控制与预防中心，另一个是俄罗斯国家病毒学与生物技术研究中心，我们从中也能看出当时的世界政治格局。那之后，也有人提出对天花病毒的遗传信息进行分析，并销毁保管的毒株，但美国出于政治判断而对此强烈反对，最终只能作罢。

关于疫苗的谣言

日本也有用于制造疫苗的减毒天花变种。因为并非天花的原种，管理方式与美国、俄罗斯并不相同。这一变种是千叶县的血清研究所为了提高疫苗的安全性而研发的。在2002年血清研究所解散后，转由熊本县的化学及血清疗法研究所管理，用于制造储备用疫苗。日本国内在1955年发现最后一例天花患者之后，再也没有出现过新增感染者。

人类在拥有疫苗这一武器之后，看起来似乎有能力消灭所有的疾病了。但出于两个原因，想要消灭其他疾病，并不像根除天花一样进展顺利。其中一个原因是，天花基本上是只会感染人类的疾病。如果是以昆虫或动物为媒介传播的传染病，因为彻底驱逐昆虫是极为困难的事情，因此也就很难完全消灭相关疾病。

另一个原因，就是社会中蔓延的各种偏见和谣言。自詹纳的时代至今，虽说已经过去了大约200年的时间，但至今仍有一部分人在否定疫苗的作用。他们的观点可以分为两种：第一种是对疫苗安全性的担忧；第二种则是彻头彻尾的谣言。关于安全性这一点，几乎所有的药物，都存在副作用。人们常说中药（生药[1]）是天然的药物所以很安全，但也是存在副作用的。疫苗的情况被称作副反应，而不是副作用。这是语言使用上的习惯，在含义上并没有太大差别。

实际上，药物的副作用和疫苗的副反应，都会作为不

[1] 指纯天然的、未经过加工或经简单加工的植物类、动物类和矿物类中药材。

良反应向行政管理部门上报。严格来说，不良反应是指“用药后一定时间内出现的有害健康的症状”，并非副作用本身。人类服用药物或注射疫苗的情况，和动物实验是不同的，理论上我们无法将副作用和其他的影响区分开来。

在把感染传染病和疫苗的副反应相比较时，有很多人比起传染病更加反感副反应。这也许是因为疫苗的副反应是人为造成的，给人一种可以避免的错觉。但冷静下来思考，就会发现个人或群体免于感染传染病的好处，是远远大于几万人、几十万人中有一人出现对疫苗的副反应的。但或许是出于对医疗的不信任感，人们对于疫苗的负面偏见总是难以消除。

关于疫苗的谣言主要分为三种类型：第一种是疫苗中含汞，会导致自闭症；第二种是疫苗会导致不孕不育；第三种是有研究显示疫苗没有作用。

第一种完全不值得讨论。为了杀菌，疫苗中的确会含有微量的汞。但接种12次疫苗所摄入的汞，才抵得上1贯金枪鱼握寿司[1]的汞含量。而疫苗杀菌所用的硫柳汞，比

[1] 握寿司，寿司的一种，将醋饭、配料用手握制成一口大小，量词是“贯”。1 贯握寿司原指 2 个握寿司，但随着语言习惯的变化，如今也可指 1 个握寿司。此处作者所言“1 贯”的具体数量不明。

起金枪鱼中所含的甲基汞要安全数百倍。如果因此为接种疫苗而担忧，那连寿司店都去不了了。

归根究底，汞和自闭症也没有任何关系。科学界对此的讨论也早就结束了。谣言的根源是医生韦克菲尔德（Wakefield）的论文（《与肠炎相关的后天性自闭症》[1]1998年），而这篇论文完全是捏造的，刊登这篇论文的《柳叶刀》于2004年判定论文为捏造，并于2010年撤销了论文。同年，韦克菲尔德又被吊销了行医执照。

第二种谣言也是无凭无据的。因为能导致哺乳动物不孕不育的疫苗压根就不存在。有一种只在日本引起了过度关注，那就是人乳头瘤病毒（HPV）疫苗。感染HPV会引发慢性的黏膜炎症，并导致宫颈癌。HPV引发的宫颈癌基本可以通过接种疫苗和定期体检得到有效预防。发达国家已经通过HPV疫苗减少了宫颈癌患者，但日本却对极其罕见的不良反应大加渲染（甚至会报道疫苗接种后一个月才出现的、因果关系很弱的病症），阻碍了疫苗的普及。

受此影响，2015年9月召开的第15届厚生科学审议会预防接种疫苗分组会议副反应工作会议上，发表了关于

[1] 基于日语译名翻译。

HPV疫苗的所有不良反应的追踪报告。报告提出今后将扩大对出现不良反应患者的救助范围，完善科学应对不良反应的体制。这些原本都是在推广疫苗的阶段就应该组织起来的工作。这么看来，日本的医疗体制还是不够完善。

提及第三种谣言的研究，是名为《不接种疫苗地区的流感流行情况》的报告（1987年，通称《前桥报告》）。《前桥报告》是前桥市医师协会出于对流感疫苗效果及副反应的不信赖感而独立开展的调查总结。《前桥报告》其实并非学术论文，其调查方法、评价及分析在科学上也存在不妥之处。最大的问题就是未将流感和普通感冒加以区别。简单来说，这份报告仅仅是将疫苗接种率高的地区和接种率低的地区中，发热或长期缺席的学生人数进行了统计，让我们假设这样的统计能够体现出某种倾向。但即便如此，只要合理地研究数据就会发现，统计数据恰恰体现了“疫苗是有效的”。

流感疫苗的不良反应在每年1300万人的接种人群中大约会有40例。流感病毒的突变很剧烈，靠疫苗无法完全预防感染。但疫苗防止婴幼儿和老年人患流感后转为重症的免疫效果是获得认可的。同时，也许有些人会有所误解，但孕妇是可以接种流感疫苗的。在怀孕早期接种流感疫苗不会导致流产人数增加，孕妇在怀孕后期接种疫苗，还能够让婴儿在出生后的一段时间内凭借母亲的免疫而不易患流感。

比上文提及的《前桥报告》更加科学、严谨的研究证实，区域内如果有约八成的学龄儿童接种疫苗，那么当地的整体流感感染风险就会下降（这被称作群体免疫效果）。群体免疫效果是一种公共卫生领域的概念，通过群体免疫，能够在传染病出现时保护地区内包括无法接种疫苗者在内的大多数人。

关于群体感染的风险，风疹是一个很合适的例子。成年人患风疹后症状一般较轻，但怀孕早期的孕妇一旦患风疹，就可能导致婴儿残疾（先天性风疹综合征）。日本在2012年到2013年发生了风疹大流行，应该有很多人都知道。如果能普及风疹疫苗的预防接种，全社会就可以一起保护好新生儿。

请大家务必冷静思考，体会一下当初詹纳发明种痘法时饱含的深情。

分析人类基因组

基因组到底是什么

有多少读者听说过“基因组”这个词呢？

我想，应该比听说过“基因”的人要少一些吧。基因组指的是生物体所有遗传物质的总和，大家把它理解成一整套的基因就可以了。

基因组（genome）这个词，是基因（gene）加上希腊语中表示“全部、完整”（-ome）的词缀组成的合成词。我以为，“研究对象＋ome”合成的词语，在自然科学的学科当中，也只有生物学有此创想。

这可以说是一种“网罗主义”的思维方式。与之相对的，我想应该就是物理学的“原教旨主义”。简而言之，在研究同一种自然现象时，物理学等学科崇尚普遍的理论或者原理，并追求建立模型。

生物学当然也会追求普遍的规律。但对规律的追求都是暂时的，往往会追加许多例外情况，从整体、全面的角度去考虑。换言之，物理学是从种种现象中排除多余的事物，摸索出普遍的原理。而生物学则是在普遍的原理的基础上，发现多种多样的现象，在研究过程中不断将规律的范围扩大。

最近，人们对所有转录产物（transcript）的集合——转录组（DNA转录得到的所有RNA）、所有蛋白质（protein）的集合蛋白质组（翻译出的所有蛋白质）越来越关注。而这些研究的源头，都来自试图研究所有遗传物质的基因组研究法。

因此，人们开始对各种生物开展名为“基因组计划”（Genome Project）的研究尝试。但准确地说，基因组计划其实是分析所有作为基因本体的染色体DNA的核酸序列，而并非分析所有的基因，也就是真正意义上的基因组。基因组计划归根结底只是在为分析基因组分析做准备（一种极其重要的准备）。

在这一驱使下开启的基因组计划之一，正是“人类基因组计划”。人类基因组计划，是于1990年在美国的主导下启动的。初始的预算是30亿美元，计划开展15年。但随着过程中计划推进速度加快，大致的序列分析（被称作“测序草图”）在2000年就完成了。

而在2003年，也就是沃森和克里克发现DNA双螺旋结构50周年之际，测序工作全部完成。

表观遗传突变

“人类基因组计划”的目标就像刚才提到过的那样，是列举出人类所有染色体DNA的核酸序列，而最终目的则是分析基因组。

在计划开展过程中，随着DNA分析技术和数据分析用的相关电脑技术的发展，计划也产生了为医学和生物学发展做贡献的新目的。

当然，这并不是一个研究室，甚至美国一个国家能够完成的大工程。所以，世界各国携手共同研究一个人类的基因组（22对常染色体[1]和2条性染色体），长年累月、一点一滴地分析核酸序列。

过去，DNA的核酸序列都是由人手工计算、分析，

[1] 此处原文讹误为“22 条常染色体”，实应为“22 对常染色体”。

如今这项工作已经实现了自动化，使用DNA测序器来完成。人类基因组计划的工作量用现在主流的DNA测序器计算、分析的话只需要10天左右，而新一代的测序器只需要几天时间。据说，如果目前正在开发中的最新型测序器一旦完成，分析基因组只需要短短3天时间。最新型测序器能够进行更加精细的解析，甚至能够分析表观遗传突变。

人类基因组计划最初的形式是研究人员们分工分析人类的31亿个碱基对，建立数据库，与全世界研究者们实现信息共享，并对各个基因不断开展分析。

这项计划原定持续15年，但随着之后技术的发展，测序草图在2000年就公开了，这比计划时间早了5年。测序草图指的是不完整的序列，测序草图的英语“draft”有“草案”的意思。

如今也是一样，在进行类似基因组分析的长核酸序列的分析时，会将核酸序列分割成多个片段，完成分析后再重新组合。因此，测序草图对序列的细节研究，例如切割点附近，是很不充分的。英语中“draft”还有“穿堂风”的意思。这个命名实在是非常巧妙。

在测序草图发布后，经过三年的修订补缺，终于公布了完整的序列。这个速度依旧比最初的计划早了两年。计划的完成时间提前了这么多是有其原因的。

塞雷拉基因组公司的挑战

有一家私营企业，就像是与“人类基因组计划”项目竞赛似的，也开始了人类基因组分析工作。那就是由美国人约翰·克雷格·温特担任首任总裁的塞雷拉基因组公司。温特也因为人工合成了细菌的所有染色体而闻名。

过去，世界各国的研究人员都按照计划来研究自己所负责的染色体的基因。但塞雷拉基因组公司却完全集中于DNA的分析。他们采用了鸟枪测序法[1]，以惊人的速度开展分析。鸟枪测序法就是将染色体DNA切成非常小的片段，不考虑基因等条件，把序列数据化的一种方法。

他们依靠序列重叠的区域，将众多DNA片段重新拼接成染色体，就像是拼散落在地板上的拼图一般。但他们并不知道拼好后的图样是什么，只能依靠4种核酸。这当然不是人力能够办到的事情，他们当时使用超级电脑运转了好几个月。

塞雷拉基因组公司开始基因组分析的目的，是为了获得基因专利。因为他们意识到，在基因组计划中发现的

[1] 也称“霰弹枪定序法”。

新基因能够发家致富。这一企图也遭到了科学家团体的批判，“是一种妨碍研究推进的尝试”，最终他们不得不改变方针。在另一起诉讼中，法院也判决生物的基因不属于专利范畴，以研究为目的使用基因，基本上都可以开放获取。在将来，人工的基因也许可以成为专利申请的对象。

对人类基因组的分析，得出了研究者从未设想过的结果。没想到，根据推断，人类基因组中有七成以上的内容是和生命活动毫无关联的。而在剩余仅仅三成的基因当中，与蛋白质的结构相关的核酸序列占基因组整体的比例也不过只有不到2%。

而在实质上与蛋白质的氨基酸序列直接相关的核酸序列，也只不过占这不到2%中的一成。各位读者应该也很惊讶：“绝大多数都是无用的区域吗？”

其实，在人类基因组计划完成，公布人类的基因数只有2.1万个这一结果的时候，全世界的科学家们也都惊“掉”了下巴。这比人们所想象的要少得多。

不过，有几点需要大家注意的地方。

基因的数量归根结底不过是推测，并不意味着我们已经确定了它们的功能。像前文提到的那样，基因组计划发现的不过是核酸序列而已。然后从经验上，机械地检测在基因中出现次数较多的、标志性的核酸序列基因，并由此推算基因的数量。

但是说到底，推测也只是推测而已。在2003年人类基因组计划结束之后，又启动了一个名为Encyclopedia of DNA Elements（DNA元件百科全书计划）的人类基因组分析国际合作计划，通称ENCODE。

ENCODE正如它的名字“DNA百科全书”所说的那样，项目的目标就是试图打造人类基因组的百科全书。分析人类基因组计划从染色体中提取出的文字罗列（核酸序列）中究竟写了些什么，正是这项计划的目的。这的确称得上是将DNA这种自然中的编码（密码）“encode”（译为编码）为便于利用的数字化数据的项目。

人类基因组计划出人意料的结果

人类基因组计划如今仍在持续中，而参与了计划的日本的理化学研究所[1]在2012年公布的研究结果再一次震惊了世人。理化学研究所的研究团队分析了转录组（从DNA转录得到的所有RNA），发现人类基因组中居然有八成的

[1] 日本政府建立的唯一的综合性大型研究所，地位相当于中国科学院。

基因可能具有某种功能。

这和人类基因组计划得出的预测结果完全相反，这意味着细胞中除了蛋白质之外，RNA也可能发挥了各种各样的作用。更加准确地说，在细胞分化的每个阶段发挥作用的染色体只占三成，但根据细胞种类的不同，染色体上发挥作用的部位也不同，总体上可能有约八成的核酸序列被激活为基因（或是调控区域）。

然而也有批判声音指出，认定这些转录后的RNA全都具有某种功能还是有些操之过急。

牛津大学的研究团队在2014年发表的一篇论文从进化论的角度比较了多种哺乳动物，推断出了实际发挥作用的（生命活动所必需的）核酸序列。这一研究显示，人类基因组中确定蛋白质构造的核酸序列只不过占总量的1%多一点，而控制蛋白质表达的核酸序列只有7%左右。简单来说，人类基因组中重要的部分只占8%多一些。

与其说哪种研究结论才是正确的，不如说当前的任何一种研究结果都不过是一种暂时的推测。实际上，我们更应该一个一个地去对基因加以确认。

话虽如此，截至2015年8月，数据库中收录的基因已经达到了5万余个（每年仍在增加），这一数字已经远远超过了2003年的推算数值。如同前文所述，如果不只是把蛋白质的核酸序列看作基因，而把控制蛋白质表达的RNA的核酸序列也纳入研究范畴的话，我们就会一点一点地发现原本以为无用的基因区域，实际上都具有某种功能。但大多数是无用的（或者说大部分是间隙）这一点，恐怕并不会有所改变。

不过，虽说无用，却并不意味着这些基因是没有意义的。从长远的角度来看，有时一些突变也许会带来对进化有利的结果。

在ENCODE中大显身手的理化学研究所研究团队同时也主导了2000年发起的另一个国际项目——国际FANTOM联盟，共有来自18个国家的超过100家机构参加。

FANTOM是Functional Annotation of the Mammalian Genome的缩写，是一个全面提取哺乳动物（尤其是小鼠）基因功能的项目。需要特别指出的一点是，国际FANTOM联盟的数据库中也包括了基因表达各个阶段内的细胞的表达，发明iPS细胞的灵感就是由此产生的。

世界各国的基因组分析

人类基因组计划对于解读人类的核酸序列是有着重要意义的。而下一阶段，我们则需要关注每个人之间的不同。做到这一点的项目，就是1000 Genomes Project（千人基因工程，2012年完成），这一项目分析了超过1000人的基因组并将其数据库化。

非洲的样本有来自尼日利亚的伊巴丹市的约鲁巴人（非洲西部规模最大的民族之一）、来自肯尼亚的韦布耶市的卢希亚族（肯尼亚第二大民族，从非洲西部迁徙至东部）和马赛人（分布在肯尼亚南部到坦桑尼亚北部一带的本地居民）。

亚洲的样本有来自东京的日本人和来自北京的中国人。欧洲的样本有托斯卡纳大区的意大利人。美国的样本有南欧、北欧人后裔的犹他州美国人、休斯敦的古吉拉特系印度裔、丹佛的华人、洛杉矶的墨西哥裔美国人、西南地区的非裔美国人。这些人的基因组全都被数据库化了。（最终共有来自26个民族的2504人参加了项目。）

1000 Genomes Project比较了众多人种，精细地区分了基因组中的共通之处和个性化的部分，并加以分析。项目期望自身的研究成果能够应用在各个领域的研究中，从形态表达到基因与疾病的关系、医药品研发等。

1000 Genomes Project的研究成果发表在了2015年9月的《自然》杂志上，研究证实人类基因组31亿个碱基对中有高达2.93%的突变。人类的基因组突变比人们预想的更多，不同民族之间也存在着不同的和共通的突变，而在同一民族中，个体间的突变差异也很大。

不过，2000个左右的样本规模作为数据库来说还是太小了（虽然学术意义很大）。而更大规模基因组计划也将最主要的研究目的转向了个性化医疗和预防医疗。

世界各国也在开展以本国国民为对象的、更加大规模的基因组计划。例如英国就在2012年开始了名为“Genomics England”（英国基因组学公司）的项目，规模达到50万人。美国也从2013年开始以100万名退伍军人为对象，开展了名为“Million Veteran Program”（百万老兵计划）的项目。英国的项目主要以病患为对象，主要目的是将研究成果应用于掌握病体情况、疾病治疗等病理学研究。美国的基因组计划的重点在于退伍军人。美国退伍军人事务部有着规模庞大的退伍军人的就医记录及健康管理信息，将基因组计划与这些数据对照起来，就能够形成细致入微的数据库。

在日本，也有东北医药超级库组织和日本生物样本库（BioBank Japan）等规模从几万到15万人不等的基因组计划。

我认为，各国分头建立起这样的数据库是很有效的。这是因为人种和民族之间，在核酸序列上存在着上文提及的差异。药物的效用也可能与这些差异息息相关。

数据库规模越大，就能够分析越微小的差异。但是如今的分析工作早已超越了人力所能及的规模。因此，生物信息学几乎在“人类基因组计划”出现的同时发展了起来。

生物信息学的发展也推动了计算机科学和信息工程的进步，今后，我们将有可能通过4个字母组成的数字化的核酸序列当中读取出有意义的信息。

基因组分析的成果之一，就是对医疗领域的贡献，想来各位读者对此也颇为期待。基因组分析对医疗的贡献主要分为检查和治疗两大类，我将分别在其他小节内进行说明。

被误会的线粒体夏娃

在本节的最后，我想向大家介绍一下基因组分析所取得的另一大成果——对考古学、人类学的贡献。

各位读者朋友听说过“线粒体夏娃”这个词吗?

这是距离现代人类最近的共同祖先，是一位非洲女性。据推算，她生活在距今12万年至20万年前。人们常常误以为当时非洲只有她一位女性，但事实并非如此。线粒体在受精时几乎不会从精子进入卵子，所以基本上只有来自母亲一脉的线粒体能够遗传给子孙。

因此，只生下男性的女性一脉的线粒体就会断绝。而如果把能够留下自己的线粒体算作一件幸事的话，那么线粒体夏娃只不过是一位非常幸运的女性而已，除此以外并没有什么特别的含义。

线粒体是生产细胞内化学反应所需的高能化合物（腺苷三磷酸、ATP）的细胞器，类似于发电站。与细胞核内的染色体不同，线粒体拥有自己的染色体。

如上文所述，来自母亲的线粒体能够传给子孙后代，所以我们可以通过比较线粒体染色体的突变，来推断地区内母系祖先的迁移历史。我们可以将之理解为一种家族研究。群体内共通的基因模式叫作单倍型，拥有相似单倍型的群体叫作“单倍群”。

更加准确地说，单倍型的基因模式是由单核苷酸多态性决定的。例如说，假设竹内家的亲戚们都拥有共通的SNPs，那就可以称作是竹内家单倍群。不过实际上，这么小的规模并不能被称为单倍群，日本人，或者是世界各地区中的更大规模内的拥有相似单倍型的群体，才能被称为单倍群。

◆Y染色体的单倍群O的分布

Y染色的单倍群大致可以分为A到R。O在东亚最多，其中日本人被分类为O2b。

与线粒体一样，通过比较Y染色体的单倍群，就能够将研究集中于父系祖先身上。有趣的是，Y染色体单倍群与语言学上的“语系（拥有相同祖语的语言）”的分布大体一致。这可能是因为大多数语言都是采用父系命名的。

通过分析全世界的单倍群，能够追溯人类从上古至今在地球上的迁徙痕迹，并为已有的种种假说做印证。

转基因的真相

被切断的DNA

直到20世纪后半期为止，分子生物学已经揭开了遗传现象的基本机制。虽然只是一部分，但通过了解这一部分生命的奥秘，我们终于能够工业化地利用基因了。

粗略地说，基因就是排列成一列形成DNA的四种核碱基。将具有特定功能的DNA片段（基因）从某个生物的细胞中剪切，放入另一个生物的细胞中并使其顺利表达（基因敲入），以及让特定基因停止运转（基因敲除），这两者是基因工程的基础。

在编辑DNA时，需要使用限制性核酸内切酶和DNA连接酶。

限制性核酸内切酶本来是细菌为了保护自身不受病毒

侵犯而进化出的一个结构，是能够水解进入细胞内部的病毒的DNA的酶。它可以识别出病毒特有的核酸序列，以免误将自身的DNA水解。利用这种特性，我们可以辨认出特定的核酸序列，并将其剪切。

DNA连接酶则是能够把剪切过的DNA连接起来的“强力胶”。在细胞内部，DNA会因为各种各样的原因而断裂。DNA连接酶就是为了修补DNA而进化出来的酶。在将被限制性核酸内切酶剪切出的DNA和其他DNA连接起来的时候会用到它。

将基因导入细胞时会使用“vector”（载体）。vector在拉丁语中是“媒介”的意思，它是用来将DNA片段运送至细胞内部的工具。载体有很多种类，在本节中我将为大家介绍三种代表性的载体。

第一种是质粒载体。质粒是微生物（细菌或酵母）体内的环状DNA，独立于其他染色体。用电脑来举例的话，染色体DNA就是存有维持基本功能的内设硬件，质粒就相当于在传输软件和文件时所用的USB闪存盘。

其实，自然界中的微生物也在通过交换质粒来交换遗传信息。微生物并不仅仅依靠突变来获得新的性状，还会通过质粒来传播自己偶然间获得的性状。质粒载体借用的就是微生物们所使用的这种技术。

质粒能够进入目标细胞的概率（转染效率）并不高。于是，人们找到了转染效率更高的病毒载体。病毒拥有能够感染目标细胞的能力，只要将所需的基因插入病毒的遗传信息，就能够将基因导入目标细胞了。

当然，作为载体使用的病毒，其中与病原性相关的遗传信息已经全部被删除了。但为了以防万一，实验室对其的管理依旧非常严格。病毒载体还可能被应用于基因治疗。因为我们借助于能够致病的病毒的性质（能够感染细胞），可以将用于治疗疾病的基因导入细胞。

最近DNA合成器的性能也提高了，我们现在已经能够快速、准确地合成大段的DNA，人工染色体载体也登上了舞台。虽然其在稳定性等方面还有改良空间，不过它足以导入数百万个核酸序列，是人们非常期待的技术。用电脑来举例的话，就相当于增加了新的硬件。

利用质粒和病毒载体开展的基因转移并不能很精准地进行。应该说，这两者都只是概率性地操纵基因。

不过，最近几年，又出现了一种“基因组编辑”的方法，它的基因操作成功率要比通过载体进行的基因重组更高。通过人工设计限制性核酸内切酶，可以更具针对性地将基因敲入目标DNA的基因区域，或从其中敲除基因。这种方法主要的技术有CRISPR/Cas系统和TALEN。

冲浪运动员拿了诺贝尔奖!

说到对基因工程贡献最大的技术，那就不得不提聚合酶链式反应（PCR技术）了。通过PCR技术，我们可以很简单地仅扩增所需要的基因区域内的DNA。

发明PCR技术的人是生物化学家凯利·穆利斯。他的外号叫作“有博士学位的冲浪运动员”。因为当他凭借PCR技术于1993年获得诺贝尔奖时，新闻报道的大标题正是：冲浪运动员拿了诺贝尔奖!

通过重组DNA技术，可以将基因敲入小鼠等实验动物，或是将它们身上原有的基因敲除。研究生命科学的科学家们，就是通过这种方法来研究每种基因的功能。

重组DNA技术不仅对生命科学的研究有用，还能应用于农业和制药业领域。通过基因重组创造出的新品种，有时也被称作“基因改造生物”（Genentic Modified Organism），但其含义中也包括了所有的实验动物（转基因小鼠等），并不能算是一个合适的词。我接下来将要介绍的主要是农作物，为了便于理解，我将使用“基因改造作物”一词。

基因改造作物的研发目前已经来到了第三阶段。

◆PCR的原理1

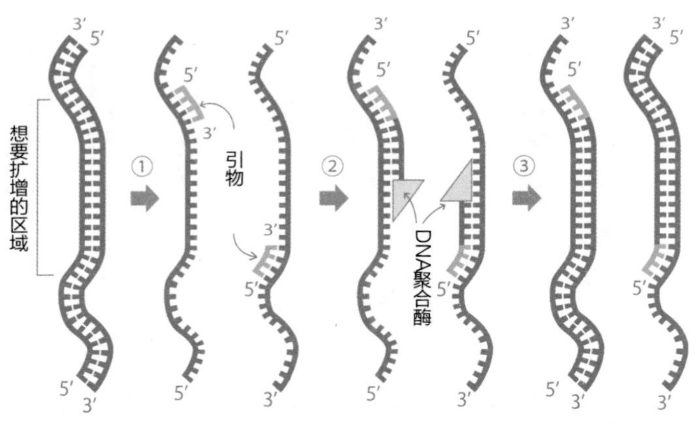

◆PCR的原理2

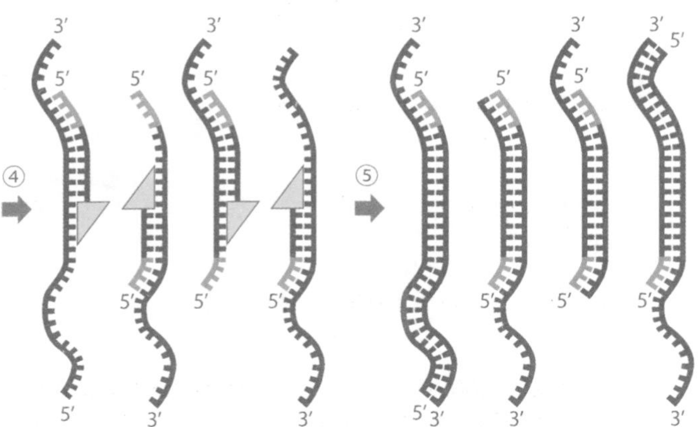

◆PCR的原理3

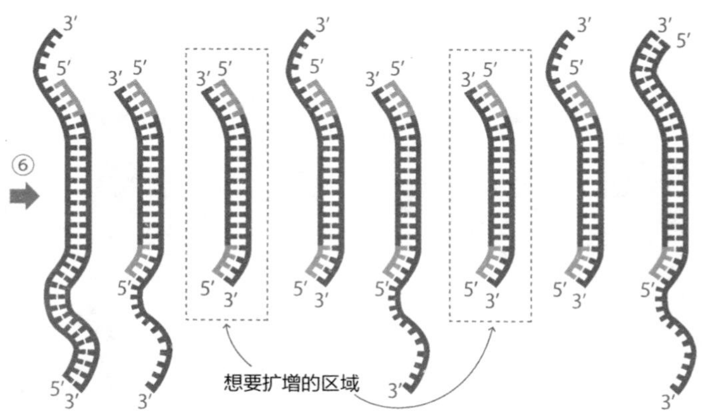

① 升温后DNA双链会分为单链，降温后又会恢复为双链。在这时混入DNA片段（引物），引物须将想要扩增的区域前后相夹。

② DNA聚合酶将互补的DNA与引物相连接。

③ 包含想扩增的DNA区域的双链变成两条。

④ 重复同样的操作（①~③）。

⑤ 包含想扩增的DNA区域的双链变成4条。

⑥ 再次重复相同操作（①~③）后，包含想扩增的DNA区域的双链变成8条。其中有2条为仅由想扩增的DNA区域组成的双链（虚线圈起的双链）。之后，只有由想扩增的DNA区域组成的双链才会成倍扩增。重复相同操作20次后，数量将增至约100万倍。只要有足够的核苷酸（核碱基+糖+磷酸）和引物，那么仅需要进行调控溶液温度的机械操作即可。

第一代基因改造作物与生产者相关，第二代与消费者相关，而第三代则与我们的未来相关。首先，就让我来简单地介绍一下相关背景。

简明易懂的“基因改造作物”

农业的历史就是“品种改良”和“与害虫斗争”的历史。人类长期以来都在利用着其他的生物，拥有较大可食用部位的植物，奶牛、肉牛、羊毛的改良等。我们一直在开发着便利自己生活的生物。这种学科被称作“配种学”。

孟德尔的研究原本也是从“配种学”开始的。毋庸置疑，基因表达是生命现象的基础。因此从历史的角度来看，可以说人类“改变了生物的基因”。

人类觉得美味的农作物，对于害虫来说也许同样是美味的。而适宜农作物生长的环境，对于其他植物而言也同样舒适。农业的规模越大，害虫的危害也会越严重，放任无用植物的生长也会影响到作物的产量。

人们为了清除无用的植物、消灭害虫，一直在使用化学药剂。但消灭害虫的化学药剂如果使用过多，也会对人类和农作物产生影响。使用能够对生命体整体产生危害的毒药，不仅能消灭害虫，还会危及人类，这是无可争辩的事实。

因此，我们需要找到能够针对性地消灭害虫的方法。由此研发出来的，就是第一代基因改造作物。在这里将为大家介绍比较具有代表性的抗除草剂大豆和耐虫害玉米。

首先来说说抗除草剂大豆。目前人们常用的除草剂当中，有一种叫作草甘膦。应该有不少读者听说过它的商品名“农达”。

草甘膦是一种类氨基酸（甘氨酸）的物质，能够阻碍仅有植物拥有的氨基酸合成酶合成氨基酸。植物会因为缺乏氨基酸而枯萎。几乎所有植物都有这种氨基酸合成酶，草甘膦也因此是一种万能的除草剂。

但草甘膦也存在着它的问题，那就是它太有效了。对几乎所有植物都有效，也就意味着连农作物都会枯萎。在广场、庭院中用它来除草的确很方便，但在农田里使用时就需要多加小心。

这么有效的药物，肯定会带来对人体、环境是否有影响的担忧。不过草甘膦和氨基酸的分子结构很相似。在土地中很快就会被细菌分解，不会残留在环境中（可生物降解性高，快的话3天，慢的话不到一个月就会消失）。

而且，动物并不具有会受草甘膦影响的氨基酸合成酶，所以草甘膦对人类是无害的（人类拥有其他的氨基酸合成酶）。因此，草甘膦是一种非常好用的优秀除草剂。

换个角度来看，土地中的细菌所拥有的氨基酸合成酶就不会受到草甘膦的妨碍。也就是说，草甘膦对拥有“细菌的氨基酸合成酶”的植物无效。于是，人们通过基因重组，发明了拥有“细菌的氨基酸合成酶”的抗除草剂大豆（商品名称：抗农达大豆）。

接下来再讲一讲耐虫害玉米吧。过去人们所使用的化学杀虫剂中，有很多对人体也有害，十分危险。生产规模比较大的农户在田里喷洒杀虫剂时，需要裹紧全身、戴上防毒面具来开展作业，有些甚至要开动直升机在空中喷洒杀虫剂。

也正因如此，市场就会发生误吸杀虫剂的事故。可即便在操作时再怎么注重安全，杀虫剂也只对附着在作物表面的害虫有效。而在大规模农业中会引发虫害的害虫，往往会进入植物的根茎。如果想让杀虫剂的药效能够杀死这些害虫，就必须提高杀虫剂的浓度，可是如此一来只会更加危险。

人们便尝试寻找是否有只对昆虫有效的毒素，最终发现有一种细菌具有仅对昆虫有效的毒素（蛋白质），那就是苏云金杆菌（Bacillus thuringiensis，以下简称Bt菌）。它属于芽孢杆菌属，和枯草芽孢杆菌归属于同一属，与纳豆菌关系很近，自古以来就作为蚕的病原菌而为人所知。

Bt菌的发现者其实是一位日本人，他就是养蚕研究家石渡繁胤（1901年）。他在喂养蚕的过程中，发现有一些蚕的死状看起来十分痛苦，便将这种现象命名为“猝倒病”。从死亡的蚕身上，他分离出了细菌。

因为这是猝倒病的病原菌，石渡就将其命名为“猝倒病菌”（非常直接）。石渡没有将其登记为新物种，但在10年后，德国的恩斯特·贝尔林纳重新发现了Bt菌（1911年）。

贝尔林纳从印度谷螟（Plodia interpunctella，其幼虫喜食谷物）这种危害粮食的害虫尸体中分离出了Bt菌。发现尸体的地点位于德国图林根州，这也是Bt菌名字的由来。Bt菌的毒蛋白是仅在昆虫的肠道中起效的一种毒素，它仅能与昆虫肠道中独有的特异受体相结合。

包括人类在内的哺乳动物并没有这种受体，因此Bt菌蛋白对于哺乳动物而言只不过是一团氨基酸。这正可谓是昆虫专用的毒素。通过基因重组而表达出Bt菌的就是耐虫害玉米（一般也叫作“Bt玉米”）。

除了抗除草剂大豆和耐虫害玉米之外，第一代基因改造作物中还包括耐久存放（阻碍植物分解自身细胞壁的酶）、便于运输和储存的作物。

第二代基因改造作物的主要目的是提高作物作为食品的功效。目前正在研发的作物包括含有大量药效成分和特定营养素的、表达出用于脱敏治疗的过敏源致敏蛋白质等）的、可用作可使用疫苗的种种作物。脱敏治疗也叫作“脱敏疗法”，是一种治疗过敏的方法，通过反复摄入不会引发过敏症状的低剂量过敏源，让身体逐渐适应。

基因改造不仅能为作物带来新功效（敲入），还能通过抑制基因表达（敲除）来提高作物的价值。

有趣的是，现在还有一种“不会流眼泪的洋葱”。这种洋葱是在新西兰发明出来的，不过第一个确定洋葱中的催泪成分及其合成酶的，是日本人研究者今井真介（好侍食品研究主干事），他还因此获得了2013年的搞笑诺贝尔奖。但这种洋葱目前仍处于实验阶段，还无法进入市场。听说它的催泪成分减少，同时风味也有相应提升，还真是想尝一次试试啊！

基因改造作物其实很危险？

接下来，就让我们来聊一聊第三代基因改造作物吧。

第三代基因改造作物最令人关注的，就是通过提高作物的性能，改善世界粮食短缺的状况。例如加强作物光合作用的能力以提高粮食单产，研发能在干旱、强日晒、盐害、低温、极端PH值土地等严苛条件下耕种的作物。为了养活不断增加的人口，我们必须增加更多的耕地，但目前几乎没有适宜耕种的空闲土地了。

因此，想要增加粮食产量，就必须提高现有耕地的产量，并在严苛环境下开展耕作。为了应对即将到来的危机，人们正在抓紧第三代基因改造作物的研发。

虽然并没有什么必须通过基因重组技术来提高粮食产量的理由，但相比于普通的育种法，使用基因重组技术培育新品种，在速度上要快得多。

到目前为止，我只讲了基因改造作物的好处，但社会上还是会有人担心："基因重组难道不会有害吗？"有许多消费者团体和部分科学家都在鼓吹着基因改造作物的危险性。

可当我们仔细分析作为反对基因改造作物的依据的研究（致癌性、致敏性等）内容就会发现，没有一项研究能够经得起第三方的验证，全部都被否定了。当然，我们的确需要时刻对事物的安全评估持批判精神。但基于错误依据的批判是毫无意义的。

至少截至2015年，我们尚未发现任何能够证明基因改造作物具有危险性的科学证据。虽说没有什么是100%安全的，但我个人认为，大家对此有些过于担忧了。

但尤其是在基因改造作物这件事情上，普通消费者们“对不了解的事情会过度高估其风险”，而研究者和相关人员却“对了解的事情会过度低估其风险”。

因此，我认为重要的是研究者们也需要真诚地倾听批判意见，并向消费者们解释、说明正确的科学事实。而消费者们也不要被莫名的恐慌所支配，也不要被不科学的言论所煽动。如果有机会的话，希望广大消费者能够多向研究人员提问。一般来说，研究者们都是很热爱解释说明的一群人，只要时间允许，都会向大家进行说明的。

自重组DNA技术发明之初，人们就已经预料到会发生这样的事情。当时位于话题中心的是美国斯坦福大学的教授保罗·贝格。

保罗·贝格因为发明了上文提及的利用质粒载体的重组DNA技术而获得了1980年的诺贝尔奖。贝格独具慧眼之处，便是他意识到了重组DNA技术在造福人类的同时，还可能会遭到滥用。但问题在于，当时的专家学者们想象不到重组DNA技术究竟会如何被滥用。

于是贝格主动暂停了研究，提出必须对基因重组实验加以限制。1975年，全世界的分子生物学家们聚在一起，共同制定了基因重组实验的指南。

这就是阿西洛马会议。会议得名于举办地点美国加利福尼亚州的阿西洛马。之后，会议约每两年举办一次（通称COP，Conference of the Parties）。

各国的科学家们通过会议形成了公约，涉及分子生物学的研究方法、自然环境与生物多样性的保护及可持续利用，通称《卡塔赫纳生物安全议定书》（2003年签订）。

公约的内容简单来说，就是所有经过重组DNA技术改性的生物在跨国运输时需要遵守的规定（进出口手续）。日本在2003年《卡塔赫纳生物安全议定书》签订后，于同年颁布了《关于限制转基因生物等的使用以确保生物多样性的法律》（通称“卡塔赫纳法”），并于翌年起开始实施。

“卡塔赫纳法”是日本国内关于基因重组生物操作的法律，只有经确认对环境无影响的基因重组生物才可以在开放环境（可以通往室外的空间）下使用，此外的基因重组生物仅允许在封闭空间（实验室内适宜的空间）内使用，并通过物理或生物学手段进行封闭（生物安全等级、BSL）。

也就是说，除经许可生物以外，其他基因重组生物不可扩散至自然环境中去。根据操作危险性的不同，将密封等级分为四个级别，分别由“物理封闭”（Physical

Containment）的首字母缩写分为P1—P4几个级别，但因为经常被误认为是“病原体”（Pathogen）和“防护”（Protection）的首字母，近来就更名为BSL1—BSL4。相比于在贝格的时代制定下来的规则而言，目前的规定已经放宽了许多，即便如此，标准依旧相当严格。不过，遵守规定，克制地开展研究，可以说是每一位生命科学研究者的骄傲。

2015年4月，中国科学家团队发布了一篇关于编辑人类受精卵基因的研究论文。4月22日出版的《自然》杂志报道了此事，引起了国际舆论风波。

在治疗不孕不育的过程中形成的体外受精的受精卵出现了染色体数量异常，便没有被移植回母体，最终成了实验的材料。此实验因为行动过于轻率而引发了其他国家研究人员的争议。该中国研究团队也承认目前的技术尚未成熟，在基因转移操作过程中出现了意料之外的基因突变。

事关紧要，我认为必须尽快制定世界级的研究管理标准。美国国家科学院和美国国家医学院在2015年5月宣布，将着手制定关于人类基因实验的操作指南，预定还将举办国际会议。今后关于此事的讨论也会越来越多。

日本基因治疗学会和美国基因与细胞治疗学会（ASGCT）在2015年8月共同发表声明，称在技术及伦理问题得到解决、取得社会广泛认同之前，应当严厉禁止使用人类受精卵。但声明提及的只是人类受精卵的使用，并非限制体细胞及其他实验动物的使用。这一点还请大家注意。

如今，人类的科学已经发展到可以直接地改变生物基因的程度了。但这与生命诞生至今的几十亿年里大自然的鬼斧神工有着根本性的区别。最近的研究已经发现，跨越物种的基因重组，在自然界中很可能是一件极其普通的事情。

当然，人类也不例外。

例如，与对保持皮肤水分、维持关节软骨功能很重要的透明质酸相关的基因，可能就是和某种菌类基因重组后获得的。与决定ABO血型的聚糖相关的基因其实也是与细菌基因重组后的产物。

反对基因改造作物的人们所宣扬的“外源基因很危险”的观点，从生命史的观点来看就是毫无根据的。不过，经过长期淘汰的基因重组和在当代技术下飞速进展的基因转移可能的确会有所区别。因此与自然淘汰不同，我们有义务对基因重组的新产品进行安全检查。

虽然安全检查的妥当性、严谨性的确还需要多加讨论，但对技术本身的批判，可以说已经没有科学意义了。

对于普通读者来说，“基因重组”这个词听起来或许会有人为的意思。不过这在自然界确实是非常普遍的现象。

我们经常会吃的、自古就有的作物，只要去研究一下它们的基因组，就能够发现它们会很频繁地发生突变。只不过它们的外形和味道没有变化，所以我们没有注意罢了。这就是进化的原动力，要说理所当然，那确实是理所当然的。

归根究底，自然科学还是学习大自然中的规律。科学技术能够做到的，不过是运用自然规律而已。从这层意义上来说，人类是无法“违抗不自然的自然规律”的。

无论科学如何进步，人类都不过是在如来佛手掌心上不停翻跟头的孙悟空罢了。

性别决定与基因

X染色体与Y染色体

繁衍这个话题，如果认真思考就会发现其实是一个相当难的问题，也是生物的未解之谜之一。在微生物（单细胞生物）的世界里，一般是通过自身细胞分裂的无性繁殖来增殖。也就是一种克隆。

但细胞分裂在达到一定次数之后将无法继续分裂，此时就需要和其他细胞交换DNA。这被称作“接合”。并不是所有细胞都可以作为接合的对象，必须选择和自己不同种类的细胞。这就是对于微生物而言的性。

但如果用人类的观念来理解微生物的繁衍，一定会觉得奇怪。因为它们的“性别”有很多种。草履虫的性别甚至可以多达16种。生物的性别只有雌雄两种，这究竟又是谁决定的呢？

而对于包括人类在内的多细胞生物来说，性别就是雌雄两种。

为什么性别只有两种呢？这是由基因决定的。决定性别的基因都位于同一个染色体上，叫作“性染色体”。性染色体以外的染色体叫作“常染色体”。

性别的决定分为四种情况：一种是以雌性为标准的两种情况；另一种是以雄性为标准的两种情况。这里提到的标准，是指作为基础的基因组。人类是以带有X染色体的基因组为标准的，二倍体且为X染色体的纯合子（XX）的人类就是女性。

而人类的男性则是X染色体与Y染色体的杂合子（XY）。在人类之外，绝大多数的哺乳动物和包括果蝇在内的部分昆虫，都是这种情况。简而言之，以雌性的基因组为基础时，位于Y染色体上的基因能够将身体性别决定为男性。

以雌性的身体为基础，形成雄性身体的模式叫作雄性杂合子（XY型）。人类的Y染色体上有着能打开身体男性化开关的基因，叫作“Y染色体性别决定区基因”（*SRY*基因）。

◆**决定性别的四种模式**

	雄性纯合子		雌性纯合子	
	XY型	XO型	ZW型	O型
雄性	XY	X	ZZ	ZZ
雌性	XX	XX	ZW	Z

*SRY*基因合成的蛋白质可以写作SRY，同时因为它在被发现前就已经得名，所以也被称作精巢决定因子（TDF）。诚如其名，在小鼠实验中，如果让TDF蛋白质在XX的受精卵中表达的话，小鼠就会产生精巢，变为雄性；从XY的受精卵中敲除*SRY*基因（让其无法发挥功能），小鼠就会变为雌性。

Y染色体可能是从X染色体演变而来的，尤其在哺乳动物身上，Y染色体更是呈小型化的趋势，一部分啮齿类（老鼠的近亲：奄美裔鼠、德之岛裔鼠、鼹形田鼠等）甚至失去了Y染色体。也就是说，只有X染色体这一条性染色体。这也是雄性杂合子的一种，叫作XO型。其他如草蜢、蜻蜓一类的生物也属于XO型。XO型同时也失去了

*SRY*基因，应当有其他的基因取代了它，但目前还不清楚具体是什么。

与雄性杂合子（XY型、XO型）完全相反的模式就是雌性杂合子。雌性杂合子的性染色体分别为Z染色体和W染色体。Z染色体的纯合子是雄性，Z染色体和W染色体的杂合子（ZW型）或是只有一条Z染色体的情况（ZO型）都是雌性。

严格地说，Z染色体和X染色体没有区别，但为了避免混淆，所以使用Z和W来标记。通过ZW型来决定性别的生物有鸟类、爬虫类、两栖类、部分鱼类、鳞翅目（蝶、蛾等昆虫），ZO型则有蓑蛾和石蛾等。雌性杂合子（ZW型、ZO型）的性别决定机制目前不明，也尚未发现类似雄性杂合子的*SRY*基因一样的基因。

决定苍蝇眼睛颜色的基因

性染色体上除了性别决定基因之外，还有其他多种基因。这些基因的突变会随着性别一起表达。这被称作“伴性遗传”。在后文提及的摩尔根的实验中决定果蝇眼睛颜色的基因就属于伴性遗传。

大家可能经常在讨论人类的疾病时会提到伴性遗传。

这也是因为突变的影响往往是劣势遗传。在这里再次重申，“遗传中的优势／劣势”的说法多少有些不恰当，并不意味着功能上有优劣之分，仅仅意味着基因更容易表达／不容易出来（“显性／隐性”的说法更加准确）。

通常来说，我们从父母那里继承了两条一对的、具有相同功能基因的染色体。这也就意味着，基因也是两个一组的。这时，究竟会用到哪条染色体上的基因，是通过特别的调控功能来决定的，大多数情况下，具有对生存有利突变的基因会被选中并表达出来（与生存无关的则是随机表达）。

然而，性染色体上的基因如果产生了突变，情况则稍有不同。人类是XY型，女性则是XX的纯合子，如果是隐性遗传，那么只有在两条X染色体都拥有相同突变时才会表达出来。但男性（XY的杂合子）所拥有的X染色体上的突变，则会毫无疑问地表达出来。

因此，伴性遗传的疾病多发于男性。例如红绿色盲和血友病（缺少凝血因子或凝血因子活性低导致易出血）就属于伴性遗传且为隐性遗传的疾病。不过每4名血友病患者中就有1人是突变而来的，目前关于血友病的研究还在不断进行中（也存在女性病例）。

同时，也存在着伴性遗传且为显性遗传的疾病。例如蕾特氏症，就是一种女性特有的进行性神经系统疾病，会导致大脑技能发育迟缓。不存在男性蕾特氏症病例的原因，可能是因为致病基因的突变具有致死性（会导致胎儿在怀孕过程中死亡）[1]。目前我们尚未发现能够从根源上治愈这些疾病的方法，但随着研究的深入，将来我们也许能够通过基因治疗来治愈这些疾病。

上文已经提到了，我们的染色体一般是两条为一对的，这叫作二倍体（disomy）。如果染色体数量多了或者少了，就叫作异倍体。异倍体又分为只有一条染色体（来自父母中的一方）的单倍体（monosomy）、有三条染色体的三倍体（trisomy）、有四条染色体的四倍体（tetrasomy）。“mono、di、tri、tetra、penta、hexa、hepta、octa、nona、deca”，是希腊语中的数词，意思是1到10。

常染色体的异倍体导致的疾病中，最有名的就是21号染色体的三倍体（唐氏综合征）。而性染色体的异倍体导致的疾病，症状通常比常染色体的要轻，有很多人终身都

[1] 此处原文有误。实际上并非所有男性蕾特氏症患者都会死亡，有极少数可以存活，但会表现出典型的蕾特氏症的症状。

未曾注意到自己的疾病。接下来，我将为大家介绍其中比较知名的几个。

X染色体的单倍体可能会导致“特纳氏综合征”（XO型女性）。主要症状有先天性心脏病、第二性征不发育和不孕。顺带一提，并不存在YO型的男性。因为生物所必需的基因都集中在X染色体上，没有X染色体是致命的。

接下来，就是性染色体的三倍体，这又分为三种情况：

首先是克氏综合征（XXY）。患有克氏综合征的男性，比普通男性多一条X染色体，症状多为第二性征不发育、身体发育不良，还可能出现心脏病和运动能力低下等现象。身体特征虽为男性，但因伴有少精症，患者多是在不孕不育治疗时通过外部检查才得知自己患病（可以人工授精）。有数据显示，每600到1000名新生男婴中就有一人患有克氏综合征。不仅是三倍体（XXY）会患有克氏综合征，四倍体（XXXY）以上也是包括在内的。X染色体数目越多，症状越严重。而公的三花猫之所以少见，也是因为克氏综合征。

其他两种性染色体三倍体分别是超雄综合征（XYY）和三X染色体综合征（XXX）。这两种情况几乎不会有任何异常（也不会导致不孕）。从身体特征上来看，这两者的身高都会很高。

产生异倍体的原因是精子和卵产生时的突变。比起环境和生活习惯的影响，衰老带来的影响会更大（也就是所谓的高龄生产的风险）。形成精子和卵细胞的细胞总是在进行分裂。假设每次分裂的突变率是一致的，那么分裂次数越多，突变的细胞自然也就越多。

2015年7月，日本理化学研究所的北岛智也队长公布了一项研究结果，证明年龄增长正是形成异倍体的原因。虽然还需要一定的时间，不过随着该领域研究的深入，科学家们很可能能够研发出预防异倍体疾病的方法。

Part 3

关于遗传学与 DNA 的大冒险

DNA

遗传学的奠基人孟德尔

格雷戈尔·约翰·孟德尔（1822—1884）
奥地利帝国布隆（又名布尔诺）修道院神父

孟德尔究竟是何许人也

“遗传学之父”孟德尔的名字，相信有很多人都听说过。那么他究竟是怎样的一位人物呢？“遗传学”又是一门什么样的学问呢？

其实，人们一直以来都知道在生物身上存在着“遗传现象”。尤其是在19世纪的欧洲，人们十分热衷于改良牧羊和葡萄的品种。孟德尔日后加入的修道院的院长纳普曾说过一番话，大意是“为了有效地改良品种，必须发现遗传的规律”。当时的改良交配全靠反复摸索，成功只能依靠巧合。

在19世纪，“生物学”刚刚从“博物学”中独立出来。简单地说，博物学就是“网罗天下万物，并将其比较分类”的学科。当时的研究还十分基础。

现如今，在生物学研究中，“将复杂现象简单化，加以研究，提出假说，开展有计划的实验，统计分析实验结果，并归纳出一个模型（例如，公式）来进行说明”的方法已经是标准做法了，但在那个年代，这种方法还仅限于物理和化学的研究中。

格雷戈尔·孟德尔出生在奥地利帝国摩拉维亚地区（现捷克共和国）一个较为富裕的农家。他头脑聪明，被小学校长推荐转学到城市里的学校上学，转学后依旧保持着优异的成绩，并进入皇家文理中学（国立的初高中一贯制学校）学习。但他家虽然富裕，终究也只是农户家庭，孟德尔的学费和生活费，对家庭来说是一笔不小的负担。

也是在这一时期，孟德尔的父亲在农地里受了重伤，家庭经济陷入了困境。毕业后的孟德尔回家帮助做农活，但他的父亲为了好学的儿子卖掉了农园。之后，父亲还将孟德尔送入奥洛穆茨大学（现帕拉茨基大学）哲学系学习。当时的哲学专业同时还要学习自然科学的所有学科。

孟德尔一边给别人做家庭教师，一边上完了两年的课程。大多数人此时会选择继续学习，考取学位或是参加教师资格考试，但孟德尔却因为经济原因没能继续留在大学。

1843年，孟德尔决定成为一名神父。他加入奥古斯丁教派后，获得了作为神父的名字“格雷戈尔”，并进入摩拉维亚地区第二大城市布隆的圣托马斯·奥古斯丁修道院，纳普就在此担任院长。纳普院长对哲学、神学、语言学、数学、生物学都有相当的研究。

读者朋友们也许会问：“为什么孟德尔要去当神父呢？”想要理解孟德尔的决定，就需要了解19世纪的奥地利的社会背景。当时的修道院，不仅是属于基督教的宗教场所，也是当地研究及文化的中心。

进入修道院的人，首先要经历实习期，之后要进入神学院，为了成为神父而学习，同时还要参与修道院的工作。纳普院长让擅长自然科学的孟德尔参与葡萄的品种改良。葡萄的确会把自身的特点遗传给后代，但人们却完全无法掌握其中的规则。

孟德尔非常希望自己能够解开遗传之谜。但与此同时他也意识到，如果使用在育种上需要花费大量时间的葡萄作为研究对象，是很难解开遗传的奥秘的。

孟德尔性格耿直、认真严谨，还不善言辞，不是很善于处理人际关系。他在神学院以优异的成绩毕业，成了一名神父。但他在被分配到的医院里，却算不上是一名合格的神父。因为他的心思过于敏感，不适合面对患者的死亡。

纳普院长派心力交瘁的孟德尔去文理中学担任代课教师。在中学里教授数学和希腊语的孟德尔如鱼得水，纳普院长便推荐他去参加成为正式教师的资格考试。如果没有院长的特别推荐，只上了两年大学的孟德尔原本是没有资格参加考试的。

没想到却发生了意外，考试安排的通知竟然到晚了。孟德尔在考试那天迟到，没能参加生物学和地质学的考试，最终没能通过资格考试。

而幸运之神却在此时造访了他。

担任主考官的教授发现了孟德尔的才华，推荐他去维也纳大学开展博士课程的学习。维也纳大学是奥地利帝国最好的大学，在欧洲范围内也是名列前茅。1851年，孟德尔进入心仪的维也纳大学后，开始尽情地学习，从他擅长的数学、物理学到动植物解剖学、生理学。

孟德尔这一时期获得的是最先进的知识，对他之后的研究产生了巨大的影响。尤其是对化学家约翰·道尔顿"原子理论"的学习，为孟德尔揭开遗传的奥秘提供了极大的启示。孟德尔想，会不会在"遗传"这一现象当中也存在着类似于物质中的原子一样的基本粒子呢？

在维也纳大学教授孟德尔数学和物理的是约翰·克里

斯蒂安·多普勒。接近的声音会变得纤细，远去的声音会变得雄浑——以“多普勒效应”闻名的他，在孟德尔入学的前一年，被任命为维也纳大学物理学院的院长。

也就是说，孟德尔作为多普勒的学生，学习的是当时最先进的实验物理学。孟德尔在维也纳大学学到了多个学术领域最先进的科学知识，以及“建立模型（理论）并开展验证实验”这一现代化的自然科学研究方法。

过于超前的主张

认真学习了两年的孟德尔意气风发地回到了圣托马斯修道院。

回到修道院后，他开始了著名的豌豆实验。他在维也纳大学学习时，应该也在一直思考“遗传的奥秘”。他似乎在研究开始之初，开展实验时就一直带着某种确信。

从维也纳大学归来的他，在开展研究的同时，还在高中担任物理学和自然史学的教师。但孟德尔的身份依旧是代课教师，几年后，他再次参加教师资格考试。这次他没有迟到，在维也纳大学参加了考试，却再一次没有通过。因为他和担任考官的生物学教授产生了争论。

在口试中，担任考官的教授原本希望孟德尔以“植物的胚胎源于花粉管”这一当时的观点来作答，但孟德尔却根据自己的研究及实验结果，主张“胚胎来自雌雄配子结合”。

当然，在如今看来，孟德尔的回答是正确的。然而，在19世纪那个年代，孟德尔的主张过于超前，遭到了传统学者的反对。孟德尔不通人情世故这一点也起到了反效果。这也多少预示了孟德尔日后的悲剧。无论如何，孟德尔直到去世，也一直与学术头衔或证书无缘（虽然有方法能够获得学位，但他似乎对此兴趣寥寥）。

在开始实验第12年的1865年，孟德尔终于将自己的研究整理出来，在布尔诺自然科学协会进行了两次口头报告。然而，与会者的反应却过于冷淡，让孟德尔十分气馁。

他的研究，是通过简单的规律来说明基因这种假想粒子的运动。这对于以博物学观点研究生物的人而言太过超前了。通过统计和算式进行的完整证明，反而让人更加无法理解，“生物学和物理学又不一样”。虽然这些在现代科学研究中都是理所当然的方法。

翌年，孟德尔向布隆自然科学协会会刊投稿了论文《植物杂交试验》，同时还向一些当时的主要大学和知名生物学家寄去了论文，但几乎未能获得理解。

其后，孟德尔不再进行遗传相关的研究。因为他于1868年被选为修道院院长，继承了去世的纳普院长的职位，开始忙于工作。而奥地利政府向修道院征收不合理的重税，投身于抗议活动的孟德尔为此忙得不可开交。在其他修道院屈服于政府政策之后，孟德尔仍旧坚持抗议，最后拖垮了自己的身体（该项税收在孟德尔死后被撤销了）。

1884年，61岁的孟德尔去世后，有许多信仰其他宗教派别的教徒参加了他的葬礼，送葬队列长达2千米。

孟德尔虽然并不是学历高、头衔响亮的学术权威，但毋庸置疑他是一位一流的科学家。同时，他也是一位杰出的宗教家。

孟德尔在担任院长之后，也会在工作之余研究蜂蜜饲养，观测气象，不断发表自己的研究成果。在去世之时，他作为气象学家的身份反而更加为人熟知。

孟德尔去世之后，又过了16年。在他生前一直遭人忽视的遗传研究的成果，被许霍·马里·德弗里斯[1]、卡尔·埃里克·科伦斯、埃里克·冯·切尔马克这三位生物学家重新发现。而孟德尔所留下的成果，在20世纪作为“遗传学”得到了极大的发展。

[1] 指许霍·马里·德弗里斯（Hugo Marie de Vries，1848.2.16—1935.5.21），荷兰生物学家，第一批研究基因的遗传学家之一。

在“遗传定律”发现前

不像父母也会像祖父母？！

在孟德尔的时代，人们已经知道父母的性状会“遗传”给孩子，但遗传的机制尚未被揭开。

孩子的性状有时会与父母中的一方相似，有时会与双方都相似，还有时会谁也不像。因为看起来没什么规律，所以有人提出了混合说（也称“融合说”），认为遗传是父母的性状以液体形式混合起来传给孩子。

不过，人们也发现了“孩子即使不像父母，也会像祖父母”。这就是混合说很难解释的现象了。反而是“孩子身上没有体现的性状依旧会被保留”的想法更加自然。孟德尔受到道尔顿原子理论的启发，想象出一种能够遗传性状的粒子。

虽然孟德尔不确定粒子的真面目，但他认为可以通过实验来确定其性质。

孟德尔独具慧眼之处在于，他意识到需要使用纯种（只具有单一遗传性状的品种）进行遗传实验。他经过多年准备，从栽培的品种中分选出了纯种。也就是说，他关注几个个别的性状，重复了多代自花授粉，选出了总是能表达出相同性状的品种。

他利用选出的纯种豌豆进行杂交，不断地研究并统计豌豆的性状。实验中种下的豌豆远远超过了几万棵。孟德尔据此总结出的规律，就是所谓的“孟德尔遗传规律”。

孟德尔遗传规律有三个[1]，只要按照顺序去理解并不算很难。就让我们来看看孟德尔的豌豆性状实验吧。

首先，孟德尔将圆豌豆和皱豌豆杂交，杂交后的第一代杂种必然会结下圆豌豆。也就是说，圆豌豆比起皱豌豆更容易遗传。这也就意味着，存在容易遗传的（显性）性状和不容易遗传的（隐性）性状。他将这种现象命名为“显性法则”。

[1] 一般认为孟德尔遗传规律有两个，分别是分离定律和自由组合定律，都属于遗传学三大基本定律。本书中提到的第三个规律“显性法则”，一般不算作孟德尔遗传规律，也不属于遗传学三大基本定律。

接下来，他对杂种进行自花授粉（第二代杂种），之后就同时收获了圆豌豆和皱豌豆。计数后孟德尔发现，圆豌豆和皱豌豆的比例大约是三比一。他将自花授粉得到第二代杂种时显性性状与隐性性状同时出现且比例为三比一的现象命名为“分离定律”。

这就是说，一直被人们认为不容易被遗传的性状，“也并不是没有被遗传”。为了方便表述，这两种性状也被称作优势性状、劣势性状，但这只意味着能够优先表达的是优势性状，反之则是劣势性状，并不意味着“性状本身的优劣”。这点很容易被人误解，在此要强调一下。

孟德尔是一流的物理学家

刚刚给大家讲到了豌豆的形状，此外还有高茎、矮茎和黄叶、绿叶等性状。孟德尔证实了显性法则和分离定律也同样适用于这些性状。同时，他还发现这些性状的排列组合之间互不干扰。这就是说，遗传性状彼此之间是相互独立的。孟德尔将其命名为“自由组合定律”。

将以上三点总结一下就能得出这样的结论：

首先，遗传性状是相互独立的要素；

其次，这些要素分为显性和隐性；

再次，第一代杂种只会出现显性性状，第二代杂种中显性性状和隐性性状会以三比一的比例出现。

怎么样？大家应该已经理解了遗传的规律吧。

之后，孟德尔又使用记号来说明这些规律。像上文提到的那样，孟德尔是当时一流的物理学家。在物理学研究中，把握现象之后用算式模型对现象进行说明是极为平常的事情（但这也导致了当时普遍具有博物学思维的生物学家们难以理解孟德尔的研究）。

接下来为大家介绍一下孟德尔搭建的遗传模型。首先他用“A”来表示显性因子，用“a”来表示隐性因子。孟德尔知道胚胎是由雌雄配子结合而成的，他认为每个个体所拥有的遗传因子为两个一组。这两个一组的因子叫作“等位基因”。

纯种记为AA和aa，叫作“纯合子”。第一代杂种从纯种身上各获得一个遗传因子，组合起来记为Aa，叫作“杂合子”。根据显性法则，Aa表达出来的性状是A。

那么，第二代杂种又会如何呢？

因为是从Aa和Aa身上各取一个遗传因子，所以会出现AA、aa以及两个Aa。根据显性法则，表达出性状A的组合是AA和两个Aa，共计三个。表达出性状a的组合只有aa一个。这也就是分离定律表现出的三比一的比例。

◆孟德尔三大遗传定律

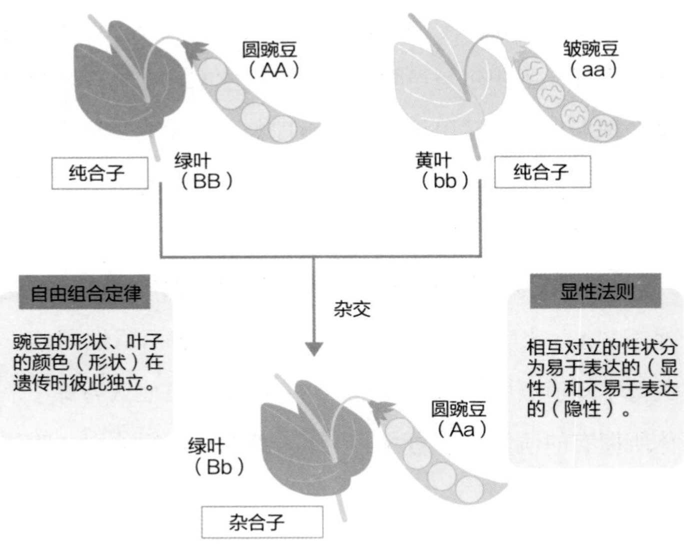

	A	a
A	AA	Aa
a	Aa	aa

A : a=3 : 1

分离定律

相互对立性状的遗传因子（基因）在经杂合子（杂种）杂交后，对立性状的表达显性与隐性比为3 : 1。

那么，人类呢

人类也可以像植物一样举出简单易懂的例子，比如说ABO血型。ABO血型中，显性性状是A和B，隐性是O。AA、BB和OO都是纯种。ABO血型是根据红细胞表面的聚糖种类进行分类的。

我们可以把聚糖看作是姓名牌。A型和B型的人，他们的红细胞上都有着A或者B的名牌。而AB型的人则同时有A和B两种名牌。

那么O型呢？其实O型是没有名牌的。有一种说法认为，O型并不是取自字母“O”，而是数字“0”，还有人认为O可能来自德语的词缀“ohne”，意为“无、空”（真正的来源并没有流传下来）。

稍微有点跑题了。

我想说的是，可以通过血型来印证孟德尔遗传规律。假设，纯种的A型（AA）和O型（OO）结婚后生了孩子。他们之间生下来的孩子必然是A型（不过组合上是AO）。这就是显性法则。而像AB型这样的，表达出中间性状的杂合子属于“不完全显性”。

两个非纯种的A型血（AO）结婚后，生下的孩子可能的情况是AA一人、AO两人、OO一人。如果生下四个孩子，那么很可能有三个人是A型血、一个人是O型血。这就是分离定律。

而人类的一胎只会产下一个孩子，所以此处提及的可能性也只是一个概率。其他多胎动物产下的后代会非常符合分离定律。血型和四肢长短、皮肤颜色、直发卷发等性状之间互不干扰，这是由自由组合定律决定的。

就像这样，孟德尔用非常简单的方法便将遗传定律这一大难题表达了出来。

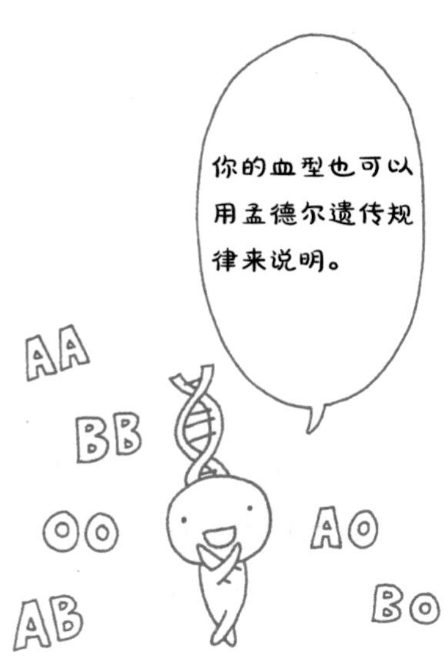

你的血型也可以用孟德尔遗传规律来说明。
AA
BB
OO
AB
AO
BO

在基因与染色体之间

探寻基因的真面目

被誉为遗传学之父的孟德尔其实并没有使用“基因”这个字眼。第一个使用“基因”一词的，是威廉·贝特森。贝特森通过许霍·马里·德弗里斯（于1900年重新发现了孟德尔遗传规律）的论文认识了孟德尔，他将孟德尔的论文翻译为英语，传播给世人，还发明了“基因”“遗传学”等词语。贝特森普及了基因这个概念，但基因究竟是什么物质还尚未明了。

让我们回到1842年，卡尔·威廉·冯·内格里第一次通过显微镜来观察细胞分裂，在细胞核中发现了“染色体”（chromosome）。然而，内格里却并没有意识到染色体的重要性，为染色体命名的其实是海因里希·沃尔德耶（1888年）。在内格里观察到染色体的40年之后，华尔瑟·弗莱明于1882年发现了染色体和细胞分裂之间的关系。弗莱明发现苯胺这种碱性物质会将细胞核内的物质染色（所以才叫染色体）。

1902年，沃尔特·萨顿通过草蜢的生殖细胞（精子和卵）发现了“减数分裂”现象。减数分裂是生殖细胞所特有的现象，指的是染色体数目减半的细胞分裂。如果把这一半染色体理解为遗传性状的“因子”，那么就能完美解释孟德尔的遗传模型了。

某位学者的挑战

那么，基因和染色体之间究竟有着怎样的关系呢？

证明了这一点的是托马斯·摩尔根。摩尔根拥有以海洋生物为研究对象的胚胎学（研究受精卵形成及发育过程的机制的学科）学位。研究之初，他对达尔文的进化论很感兴趣。要研究进化，就必须持续追踪实验对象多达几百代。这样一来，就必须选择生物生命周期（从出生到下一代诞生为止的周期）短的生物作为研究对象。

摩尔根就任哥伦比亚大学教授时（1904年），恰巧是人们对重新发现孟德尔遗传规律十分关注，以及萨顿提出染色体学说的时候。基因在当时还是一个十分抽象的概念，人们也不清楚染色体的作用。摩尔根一开始还怀疑过染色体学说和孟德尔遗传规律，不过在参观德弗里斯对月见草的突变研究后开始产生兴趣，决定用动物来研究突变。

突变指的是生物继承自祖先的性状发生改变的现象。

几年之后，有一位学生将黑腹果蝇带到了摩尔根的研究室里。黑腹果蝇和常常在厨房里飞来飞去的苍蝇是近亲。果蝇喜欢聚集在酒水附近，但它们并不只喜欢喝酒，还喜欢醋。在自然环境中，它们以在成熟果实和树液中繁殖的酵母为食（据说摩尔根把香蕉放在床边来捕捉果蝇）。

果蝇的生物生命周期大约是10天，寿命大约有两个月，非常短。果蝇体长只有2—3厘米，即使大量饲养也不需要很大空间（一个牛奶瓶就能养几十只果蝇）。饵料准备起来也非常方便，喂养起来很容易。果蝇作为一种实验动物，是十分具有优势的。（虽然会有人生理性地反感它……）

因为这些优点，摩尔根决定用黑腹果蝇来进行遗传学研究（1907年前后）。黑腹果蝇作为新兴的遗传学的研究对象也非常有优势。

白眼果蝇

举个例子来说，每只雌果蝇一天能产下多达50个卵。孟德尔遗传规律说到底也只是概率层面的问题，如果能有大量可以分析的子代，验证起来会很容易。同时，果蝇的染色体只有8条（4对），如果基因的确和染色体有关，那么在分析时应该也会很轻松（人类有23对染色体）。

不仅如此，黑腹果蝇的唾液腺细胞中的染色体（唾腺染色体）也很特殊。它在复制时不会发生细胞分裂，同一染色体会有好几条重合在一起，越来越粗（这叫作“多线化”）。果蝇的唾腺染色体比正常的细胞核中的染色体要大许多，在显微镜下观察起来十分方便。凭借当年的显微镜的性能，是无法清晰观察普通细胞中的染色体的。

但在实验之初，摩尔根并没有发现显著的突变。无论是加温、注射酸或碱，还是给予不会致死的刺激，但出生的全都是红眼带条纹的普通黑腹果蝇（这叫作“野生型”）。但摩尔根等人并没有因此放弃，他们依旧不断观察着几万只、几十万只有着相同花纹的果蝇。

有一天，他们在日常喂养的牛奶瓶中，发现了一只眼生的黑腹果蝇。这只果蝇的眼睛是白色的。这时距离实验开始已经过去了3年，时间来到了1910年。

白眼黑腹果蝇（以下称“白眼果蝇”）如果是突变体，那么它的性状应该会遗传给交配后产下的后代。这只白眼果蝇是雄性，因此摩尔根让它和其他雌性交配。结果，产下的全部都是红眼果蝇。

接下来，摩尔根再次让这批红眼果蝇之间相互交配。在下一代诞生的果蝇中，有三分之一是白眼果蝇。看来白眼果蝇的性状可能是隐性遗传的。这看起来也很符合分离定律。

白眼果蝇果真是符合孟德尔遗传规律的可遗传突变体吗？奇妙的事情发生了。孙辈的白眼果蝇全部都是雄性。更加准确地说，是雌果蝇都是红眼，雄果蝇中有一半是白眼果蝇。这又要如何解释呢？

先从结论来说，白眼果蝇的基因是和载有决定性别的基因的染色体（性染色体）包装在一起的。这种与性染色体相关的遗传方式叫作“伴性遗传”。

无论如何，摩尔根总算是找到了一个能够证明染色体学说的间接证据。找到窍门之后就能够立刻顺利推动工作。在这之后，摩尔根的研究室接连不断地发现了新的突变体。

在这些性状之中，有的符合分离定律，有的不符合。

不符合分离定律的性状被分为了四类。同一套染色体上的不同基因连在一起进入配子的情况叫作“基因连锁”或简称“连锁”。

◆两组等位基因连锁

A(a)和B(b)完全分离

	AB	Ab	aB	ab
AB	AABB	AABb	AaBB	AaBb
Ab	AABb	AAbb	AaBb	Aabb
aB	AaBB	AaBb	aaBB	aaBb
ab	AaBb	Aabb	aaBb	aabb

AB：Ab：aB：ab
=
9：3：3：1

A(a)和B(b)完全连锁

	AB	Ab	aB	ab
AB	AABB			AaBb
Ab				
aB				
ab	AaBb			aabb

AB：Ab：aB：ab
=
3：0：0：1

上面已经提到，黑腹果蝇有四对染色体。看来基因的确是随着染色体包装的。不过，摩尔根也记录下了很出乎意料的数据。有些性状，看起来既不完全分离，也不连锁。

如果两组等位基因（A或a和B或b）是完全分离的，那么拥有杂合子基因（AaBb，表达出的性状为AB）的个体在交配后，表达出的性状的比例（AB∶Ab∶aB∶ab）应该是9∶3∶3∶1。

反过来说，如果基因A和B、a和b是完全连锁的，那么性状AB比ab就应该是3∶1，而不会诞生性状Ab和aB。那么目前的现象又该如何说明呢？

又或者，让拥有杂合子基因（AaBb，表达出的性状为A和B）的个体和拥有隐性纯合子基因（aabb，表达出的性状为a和b）交配。如果它们之间完全分离，那么AB∶Ab∶aB∶ab的比例就应该是1∶1∶1∶1，如果完全连锁，就应该是1∶0∶0∶1。

然而，实际得到的却是不一样的数据。这就意味着，本应连锁的基因A和B，有一定概率转移到了其他染色体上。这种现象叫作“同源重组”。

荣获诺贝尔奖

那么，同源重组究竟是怎么发生的呢？

请大家把染色体想象成一条项链或者一串珠子，这样会比较好理解。包括我们人类在内的绝大部分生物，都各有一条从父母那里继承来的染色体，合计两条（同源染色体），这些染色体会各有一条进入生殖细胞。生殖细胞产生时，同源染色体有一定概率会发生洗牌。

◆同源染色体洗牌（互换）

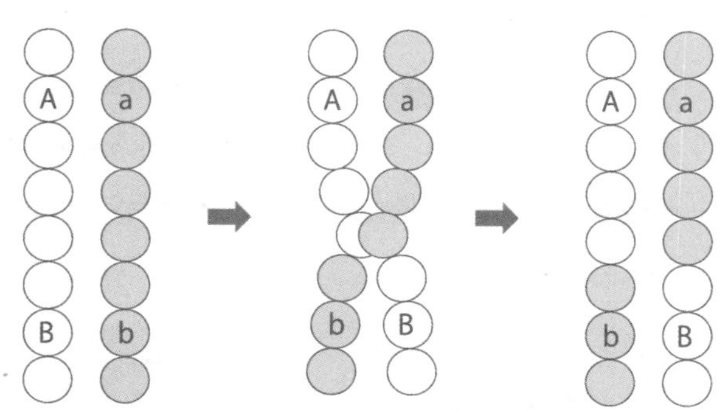

每一个圆代表一个基因，每条染色体都是由复数基因排列构成的。基因是否会互换完全是随机的，互换的概率和AB之间的距离相关。

话虽如此，但洗牌并非真的像洗扑克牌一样进行的。两条染色体会拧成X字形连在一起。这叫作“互换”（也称“交换”）。染色体之间拧在一起的部位是随机的（更准确地说，应该是有一些位置是容易连接在一起的）。

不过，如果某两个基因在染色体上距离较远，那么同源重组的概率（重组值）就会越高，这点比较直观，应该很好理解。也就是说，某两个基因的重组值的大小，就相当于它们之间在染色体上的物理距离。这就意味着，只要求出不同基因之间的重组值，也就能知道它们之间的相对距离了。

摩尔根等人将实验结果和唾腺染色体的观察结果进行比较，他们发现，染色体的确会被色素染色，但并不是整体全都被染色，被染色的部分呈条形码似的条纹状。

有趣的是，野生型的条纹形态全都相同，而突变体中却有一部分的条纹与其他的不同。将不同突变体的条纹形状的差异（究竟是哪条染色体的何处不同）和各突变体之间的重组值进行比较发现，基因在染色体上的分布基本是一致的。这叫作“染色体图”（的确是基因的分布图）。

摩尔根等人的研究确定了基因在染色体上呈链状分布。摩尔根也因此获得了1933年的诺贝尔奖。

DNA与染色体

《物种起源》出版之时

在摩尔根解开染色体之谜的年代（20世纪10年代—20年代），人们还不清楚染色体的结构。不过那时人们已经通过化学分析，知道了染色体是由蛋白质和脱氧核糖核酸（DNA）组成的。

但在萨顿和摩尔根之前，从来没有任何人能想到染色体会和遗传有关，甚至完全没能意识到DNA的重要性。就让我们来回顾一下在这样的时代背景下，染色体研究拉开序幕的历史。

内格里在细胞核内发现染色体，是在1842年。在内格里之后大约30年，弗雷德里希·米歇尔第一次从细胞核中分离出了核酸（1869年）。达尔文出版《物种起源》

（1859年），孟德尔公布了自己的研究（1865年）正好也是在这一时期。

一开始，米歇尔利用生物化学的方法来研究白细胞。生物化学是用化学方法研究生物体的一门学科，和生物物理学、细胞生物学共同构成了医学和生理学的基础。当然，它也为之后的遗传学和分子生物学奠定了基础。米歇尔的父亲和叔父都是瑞士巴塞尔大学医学系的解剖学教授，他受此影响也进入巴塞尔大学医学系学习，但他并没有成为父亲和叔父那样的临床医生，而是选择了基础研究的道路。据说这是因为米歇尔童年时患斑疹伤寒（发热）而留有后遗症，听力有障碍，无法使用听诊器。

米歇尔在德国的哥廷根大学获得学位后，进入图宾根大学开始了自己的研究生涯。说到图宾根大学，那可是天文学家约翰尼斯·开普勒[1]（因提出关于行星运动的"开普勒定律"而闻名）和哲学家格奥尔格·黑格尔[2]曾经就读的历史名校。

[1] 约翰尼斯·开普勒，德国天文学家、数学家，现代实验光学的奠基人，发现了行星运动的三大定律，被誉为"天空立法者"。

[2] 格奥尔格·威廉·弗里德里希·黑格尔，德国哲学家，德国19世纪唯心论哲学的代表人物之一，对包括马克思的历史唯物主义在内的后世哲学流派都产生了深远的影响。

米歇尔的实验材料是人类的白细胞，他选择从渗入外伤患者的绷带内的脓水中提取白细胞（在医院可以找到很多这样的绷带）。脓水当中含有大量的白细胞。在当时，因为消毒的重要性还没有在医疗场所得到普及，人一旦受了伤，伤口很快就会化脓。但想要从沾满脓水的绷带上取出干净的白细胞，却不是那么容易的事。

米歇尔便换了个思路，他不再通过物理手段分离细胞，而是将细胞溶解，通过化学手段分离并提取。米歇尔将提取物命名为“核素”（nuclein）。这种物质，之后被更名为“核酸”。

实际上，因为核素含有很多磷酸，所以米歇尔以为核素是一种与储存磷相关的蛋白质。之后，米歇尔回到巴塞尔大学担任生理学教授，做出了很多成绩，但研究学会并不关心核素，研究一直没有进展。或许是因为总是在寒冷的实验室里忙于工作，他患上了结核病，1895年，年仅51岁就去世了。

米歇尔的学生理查德·阿尔特曼去除了米歇尔提取出的核素中的所有蛋白质，提取出了严格意义上的核酸（1889年）。将核素改名为核酸的也是阿尔特曼。

阿尔特曼凭借当时的光学显微镜，在解析度只够勉强观测的情况下，发现了颗粒状的细胞器（线粒体），取得了非常了不起的成绩，可关于他的英语和日语资料却极为罕见。他曾在莱比锡大学担任临时的解剖学教授，那里的医学系在德国可谓首屈一指，这样的人物得到的评价如此之低的原因不明。阿尔特曼在1900年去世，年仅58岁。

理解遗传信息所需的最重要的物质

同一时期，阿尔布雷希特·科塞尔[1]从核素中分离、提纯出了5种核碱基。

核酸是由核碱基、一种聚糖和磷酸构成的高分子化合物。科塞尔提取出的5种核碱基分别是腺嘌呤[2]、鸟嘌呤、胞嘧啶、胸腺嘧啶和尿嘧啶，分别可以简称为A、G、C、T、U。核碱基正是理解遗传信息的关键，是最为重要的物质。

科塞尔凭借对核酸和蛋白质的研究于1910年获得了诺贝尔奖。阿尔特曼其实是科塞尔的师兄，科塞尔的诺贝尔奖，相当于是颁给他和米歇尔、阿尔特曼三个人的（米歇尔和阿尔特曼被过分忽略了，实在是令人惋惜）。

[1] 阿尔布雷希特·科塞尔，德国生物化学家，因研究细胞化学蛋白质及核酸的工作，获 1910 年诺贝尔生理学或医学奖。

[2] 一般指维生素 B_4。

但在这一时期，科塞尔还没能理解核酸究竟在细胞内发挥了怎样的作用。他认为不过只是5种核碱基而已，承担不了什么复杂的功能。

当时，人们还认为复杂的生命现象都源于蛋白质（尤其是酶）。在19世纪末，人们已经发现了酶是生物体内的催化剂（控制化学反应的物质）。

例如，德国的爱德华·比希纳在1896年发现，将酵母捣碎后提取出的物质（酶）可以让蔗糖发酵为酒精，并因此获得了1907年的诺贝尔奖。他证明了生物分解或生成物质所需的并不是“细胞是活的”，而是“细胞内的蛋白质和酶的作用”。

也就是说，人们开始理解生命活动是一种化学反应，并不像活力论所认为的那样需要“某种物理和化学无法解释的特殊物质”。

接着，科塞尔曾经的同事菲巴斯·利文利用生物化学的方法分析了核酸。利文发现核酸中除了磷酸和核碱基之外，还有两种糖（核糖和脱氧核糖）。这就是说，核酸分为两种：一种是“核糖+核碱基（AUGC）+磷酸”组成的核糖核酸（RNA）；另一种是“脱氧核糖+核碱基（ATGC）+磷酸”组成的脱氧核糖核酸（DNA）。

利文对核酸的结构做出了如下猜想。

首先是糖（核糖或脱氧核糖）和磷酸交替连接。糖上连接着一种核碱基。因为核碱基有4种，糖重复出现4次的话，核碱基就会各出现一次。这就是“四核苷酸学说”（1921年）。但结果证明这个假说是错误的。利文明明是个很有才华的人，可最终还是没能理解核酸在细胞内发挥的作用。

教科书不会告诉你的天才们

或许是因为这个错误的假说，利文一生执笔了超过700篇的论文，为生物化学的发展做出了巨大的贡献，在日本却不为人所知……利文关于核酸结构的假说虽然是错的，但将核酸分类为DNA和RNA的人正是他，他的研究日后也为确定DNA结构做出了贡献。像利文这样未被教科书提及的天才先驱们，在科学界还有很多很多。

否定了利文“四核苷酸学说”的，是瑞典的托比约恩·卡斯佩森（1934年）。卡斯佩森当时年仅22岁，还是一名就读于卡罗林斯卡学院[1]的学生。卡罗林斯卡学院是世界上规模最大的医科大学，也是瑞典国内最大的研究教

[1] 瑞典著名医学院，世界顶尖医学院之一，世界百强大学之一。

育机构。诺贝尔生理学或医学奖的评委会也设在这里。

卡斯佩森在自己的博士论文中证明了核酸是一种生物聚合物。生物聚合物是天然存在的高分子化合物，而高分子化合物则是由基本分子结构多次重复连接而成的大型分子。上文提到，利文认为核酸是“4组核碱基与磷酸、糖组成的分子”，卡斯佩森则证明了核酸是以“核碱基＋磷酸＋糖”为基本单位，重复连接数千数万次形成的高分子。

不仅如此，卡斯佩森还成功发现了核酸在细胞中的分布。根据他的研究，DNA集中于细胞核，而RNA在细胞质中也有分布。由此可以推断，两者在细胞内的作用是不同的，染色体主要是由DNA构成的。

根据卡斯佩森的研究，人们知道了染色体是DNA的高分子化合物。但我在这里要再次强调，当时大多数的研究者重视的都是蛋白质，关注核酸的研究并不多。分子的结构和功能也还未被发现，大家都认为，仅凭5种核碱基，不可能这么简单地就能承担起复杂的生命现象。年纪轻轻就取得成功的卡斯佩森，之后被任命为卡罗林斯卡学院新成立的细胞生物学研究部门的负责人。

那么，我们现在已经知道了染色体是由脱氧核糖核酸（DNA）构成的，也知道了DNA是生物聚合物。但想要搞清楚它的功能，还要等待另一个研究成果的出现。

在发现DNA的作用前

西班牙流行性感冒的大流行[1]

DNA具有“传递生物性状”的功能。那我们究竟是如何发现这一点的呢？在利文和卡斯佩森的研究之间，还出现过一位发现了有趣现象的研究者，他就是弗雷德里克·格里菲斯。格里菲斯曾在第一次世界大战中担任军医，“一战”后进入英国卫生部工作。当时最让人头疼的问题就是流感，也就是所谓的西班牙流行性感冒的大流行

[1] 西班牙流行性感冒其实并非爆发于西班牙，而是爆发于美国，由美国传至欧洲。但因恰逢“一战”结束，各国都在报道战争结束的喜讯，而西班牙因为国内有约800万感染者，甚至连国王也感染了此病，而诚实地报道了国内爆发流感的消息，因此这一流感被称为“西班牙流感”。目前世界卫生组织已经不再允许用地名为流行性疾病命名。

（1918—1919）。

西班牙流行性感冒恐怕是人类历史上第一次流感大流行（世界范围的传染病流行），在当时有超过5亿感染者，2500万至4000万人死亡（也有说法是约1亿人死亡）。据推测，全世界人口约有三分之一被感染（当时世界人口约17亿）。

流感的病原体是病毒，但大多数死者是因为肺炎并发症去世的。因为当时病毒的提取技术还不成熟，人们过去一直不知道西班牙流感的成因。不过，我们成功分离出了肺炎的病原菌肺炎链球菌（过去也叫肺炎双球菌）。

格里菲斯想要研发出肺炎链球菌的疫苗。他收集了许多患者的肺炎链球菌并加以培养，发现肺炎链球菌主要分为两种：一种的菌落（培养基内形成的细菌团块）表面很粗糙（rough/R型菌）；另一种的表面很平滑（smooth/S型菌）。R型菌的毒性很弱，S型菌有剧毒。

他将这两种肺炎链球菌投放给小鼠（小家鼠），得到了如下结果。首先，被投放R型菌的小鼠存活，被投放S型菌的小鼠因肺炎死亡。接下来，他又向小鼠投放了经过高温加热灭菌的S型菌，小鼠存活下来。这说明，肺炎是活的S型菌导致的，与毒素一类的物质无关。只要认真灭菌就能够预防肺炎。

而与此同时，格里菲斯也注意到了一个很奇怪的现象。

他偶然间将经过高温杀死的S型菌和活的R型菌同时投放给小鼠，小鼠却因为肺炎去世了。从死亡的小鼠身上，格里菲斯分离出了活的S型菌。分别投放高温杀死的S型菌和活的R型菌的小鼠都能够存活，为什么同时投放就会导致小鼠死亡呢？已经被杀死的S型菌甚至还复活了。

◆格里菲斯实验

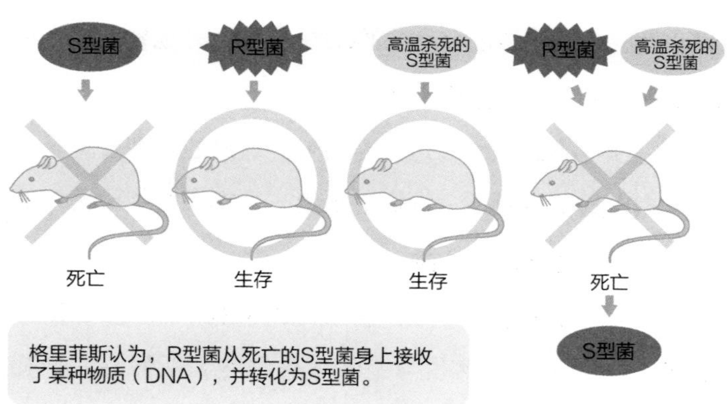

格里菲斯怀疑是混入了活的S型菌，便小心谨慎地重复了好几次实验。他发现，经过高温灭菌的S型菌的确彻

底死亡了。那么，也许是R型菌突变成了S型菌。R型菌缺少S型菌身上“能够发挥毒性的性状”，难道说是R型菌通过死亡的S型菌身上的“某种物质”获得了那个性状吗？其实，这个“某种物质”正是DNA。

S型菌虽然被高温杀死，但细胞中的DNA并没有被破坏。而接收了S型菌性状的R型菌能够培养出S型菌。也就是说，从外界接收得到的性状也能够遗传。格里菲斯把这种“微生物吸收自己所没有的性状并突变”的现象命名为“转化”（1928年）。

但格里菲斯的研究并没有引起什么关注。因为即便是微生物，人们也并不认为它们的性状会轻易地发生改变，改变的机制也还没有被发现。

格里菲斯虽然一直进行着研究，最终还是在发现转化的真相之前就去世了。据说他在第二次世界大战中德军对伦敦市的空袭中去世（1941年）。

证明了引起转化现象的物质是DNA的人，是奥斯瓦尔德·埃弗里。埃弗里与上一节提到的卡斯佩森完全相反，是一位大器晚成的研究者。

在众多自幼便展现出科研才华的研究者当中，埃弗里的经历相当特别。在他15岁时，同为英国浸礼宗牧师的父亲和哥哥因患结核而去世。他或许是为了和父亲一样成为神职人员，于是进入了信仰浸礼宗的科尔盖特大学学习。23岁大学毕业之后，他却不知为何又进入哥伦比亚大学的医学院深造（1900年）。

埃弗里在4年后取得了博士学位，从事了3年左右的临床工作，但凭借当时的医疗水平，根本无法如愿救助病人。于是，埃弗里为了研究基础医学进入了刚刚成立的微生物学研究所工作。起初，他在研究乳酸菌的分类上下了不少功夫，但在教导他生物化学知识和实验方法的上司因为结核病去世后，他决心用生物化学的方法来研究病原菌。1923年，埃弗里进入了洛克菲勒医学研究所，直到退休为止，他都日夜沉浸于实验中。

埃弗里的确信

1928年，格里菲斯发表论文时，埃弗里正好也在研发肺炎链球菌的疫苗。埃弗里也和其他大批的研究者一样，并不相信格里菲斯的研究结果。要是细菌的性质会如此简单地发生改变，那我们发明的细菌分类方法不就没用了吗？

不过，通过严谨的追加实验，埃弗里发现格里菲斯的理论是正确的。埃弗里的实验开展得很谨慎。首先，他在

1931年确立了一套不使用小鼠就能够验证格里菲斯理论的方法。他选择将S型肺炎链球菌碾碎，而不是高温杀死，并将碾碎后的过滤溶液与R型菌一起培养，之后得到了S型菌特有的表面的菌落。通过这种转化的实验体系，从S型菌碾碎后得到的溶液中分离出许多元素，以此来确认R型菌的转化。

实验就这样重复了10年。埃弗里终于确信“导致转化的物质”就是DNA。埃弗里一开始关注的也是蛋白质。但他发现，把蛋白质完全剔除后，依旧会发生转化。而只有当DNA被剔除时，转化才不会发生。

过去一直搞不清其功能的DNA，正是能够传递性状的物质。埃弗里通过论文公布这一研究成果时已经67岁了。他在那之前一年已经获得了从研究所光荣退休的资格，但他直到1948年都还在研究所内继续做实验。退休后，他和自己的兄弟一起生活，后于1955年去世。他终身未婚，像一名真正的神职人员一般，为研究奉献了自己的人生。

如今回想起来，埃弗里等人的成就居然没能获得诺贝尔奖，这是多么不可思议。然而，除了一部分卓有先见的研究者之外，想让社会认同——从蛋白质转向DNA——还需要一些时间（甚至还有信奉蛋白质至上主义的学者一直顽固地对埃弗里大加攻击）。话虽如此，仍旧有小部分研究者受到埃弗里研究成果的影响，而致力于研究DNA。其中就有埃尔文·查戈夫，且做出了非常重要的贡献。

查戈夫生于奥地利，他为了躲避纳粹政府而逃往法国和美国。在担任哥伦比亚大学生物化学系的助理教授时，他与埃弗里的论文相遇了。

“查戈夫法则”是什么

查戈夫有感于埃弗里严谨细致的实验，利用当时最新的技术，分析了许多种生物的DNA。他从分析结果中得出的两个事实，被称作“查戈夫法则”。

第一个事实是，DNA含有的4种核碱基中，腺嘌呤（A）和鸟嘌呤（G）的数量、胞嘧啶（C）和胸腺嘧啶（T）的数量总是相同的[1]，这与生物种类无关。第二个事实是，A和C或是G和T的比例在不同物种之间是不同的。这暗示了两种可能性：一是DNA在结构上通常是A和

[1] 此处为原文错误。应为腺嘌呤（A）和胸腺嘧啶（T）的数量相同，鸟嘌呤（G）和胞嘧啶（C）的数量相同。

G成对、C和T成对；二是生物间不同的遗传信息是由DNA控制的。

查戈夫法则为之后发现DNA结构给予了极大的帮助，但遗憾的是，查戈夫自己并没能完全理解它的重要性。

埃弗里的实验和查戈夫法则都强烈暗示着传递生命性状的物质正是DNA。但如果有人说这不过都是些间接证据，也是无法反驳的。难道就没有更加直接的方法可以证明这一点了吗？

想要回答这个问题，就必须向大家介绍获得1969年诺贝尔奖的三个人的研究，这也是关于分子生物学这门新学科迎来黎明前的故事。

DNA能够传递生物的性状

量子力学和遗传学

我们已经知道，DNA能够传递生物的性状，但这只是通过间接的实验结果所归纳出来的结论。时代要求的是更加直接的证据。在埃弗里不断重复转化实验的时候，摩尔根的研究室不仅在开展果蝇实验，还在进行以微生物为实验对象的研究。这项研究的核心人物就是马克斯·德尔布吕克。

德尔布吕克本来研究的是宇宙物理学，于1930年在名校哥廷根大学获得了理论物理学（量子力学）的博士学位。他在研究了几年辐射物理学和原子核物理学之后，来到了摩尔根的研究室。

听说他从量子力学转而研究遗传学，可能会有读者惊讶："这也差得太远了吧？"不过在那时，理论物理学家们研究生物学其实是一种潮流。

量子力学的创始人之一埃尔温·薛定谔那部经典名著《生命是什么》就是其中的代表。从20世纪初到20世纪中期，用物理学方法（尤其是从分子和原子层面）来研究生物学，正是时代的趋势。

标志性事件就是分子生物学的诞生。生物学的研究方法原本以博物学为主流，到了这时也终于开始以生物化学和生物物理学为基础，实验与理论相结合的研究方法也变得理所当然。尤其是遗传学需要大量统计，和理论（数学模型）结合起来十分顺畅。

第一个使用"分子生物学"一词的，是当时在洛克菲勒财团的自然科学部门担任负责人的数学家瓦伦·韦弗（他因提出机器翻译的概念而闻名）。1937年，德尔布吕克获得了韦弗推动的洛克菲勒财团的助学金（无须偿还的奖学金），开始在摩尔根的研究室用分子生物学这个新方法来研究遗传现象。

他的实验对象是噬菌体（bacteriophage）。噬菌体是微生物（bacteria）的吞噬者（phage），简而言之就是能够感染单细胞生物的病毒。关于病毒，我会在其他小节详细讲解，在这里大家做如下简要理解即可。

◆噬菌体的放大图

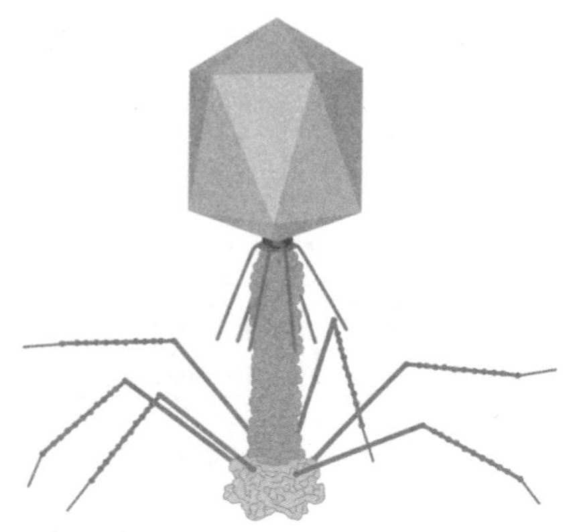

首先，病毒仅靠自己什么都做不成，它必须寄生在其他细胞（根据病毒不同而不同），并在细胞内大量自我复制。最终，病毒会破坏寄生的细胞，并向外扩散（这一过程叫作“溶菌”）。

病毒的结构非常简单，仅由核酸以及包裹在外面的胶囊状蛋白质构成。增殖所需的机制，则依靠于利用被寄生细胞内的物质。因为当时的细胞培养技术还不成熟，所以噬菌体这类寄生在微生物身上的病毒在操作上比较容易。

德尔布吕克进展顺利

德尔布吕克刚来到美国的时候，也使用果蝇开展过研究，但生物分析并没有他这位理论物理学研究出身的学者想象的这么简单。

德尔布吕克想找到一种更简单的实验体系。在他的设想中，需要找到像是量子力学中的氢原子或是电子那么简单的物质。他发现的正是寄生在大肠杆菌内的噬菌体。他在培养皿内铺开一面白色的大肠杆菌上撒下适当稀释过的噬菌体溶液后，培养皿内出现了许多小斑点。

这是大肠杆菌被噬菌体溶解后形成的（被称作“噬菌斑”）。通过统计噬菌斑的数量，就能推断出感染大肠杆菌的噬菌体数目。大肠杆菌培养起来快速方便，被噬菌体溶解后几个小时内就能够观察到，速度很快。如果安排得当，一天可以重复实验两到三次。

通过这种极为简便且高效的实验体系，德尔布吕克接连取得了许多成果。他利用自己研究物理学时积累下的经验（统计和分布对他来说轻而易举）来分析噬菌体的性质。

然而，随着第二次世界大战的爆发，德尔布吕克无法回国，唯一的生活来源奖学金也停止发放，生活困窘至极，只能依靠向朋友借钱度日。最终能在范德堡大学当上物理学讲师，据说还是多亏了对其预见性大加赞扬的摩尔根的推荐和帮助。

萨尔瓦多·卢里亚被德尔布吕克的研究打动，并在之后与他一起研究，最终共同获得了诺贝尔奖。卢里亚出生于意大利，是一位犹太人，原名萨尔瓦拖雷·卢里亚。他之所以选择改名，是因为他也是被战争改变人生的人之一。

卢里亚从都灵大学医学系毕业之后，当过两年军医，后来又进入罗马大学教授辐射医学。他对物理学也很了解，这在医生中非常少见。拜此所赐，时任罗马大学物理学教授的恩利克·费米（主攻辐射物理学、核物理学）也以他为知己。费米是曼哈顿计划的核心人物，但这时的卢里亚恐怕想也没想过这份交情在关键时候竟然会挽救自己的研究生命。在这一时期，他还找到了打开未来大门的钥匙——他看到了德尔布吕克的论文。卢里亚正巧也认为，想要解开生命现象之谜，需要一种单纯的实验体系。

1938年获得诺贝尔奖的费米，在前往斯德哥尔摩参加颁奖典礼之后，就逃亡美国。他因为妻子是犹太人而遭到了墨索里尼政府的迫害。而卢里亚也因为人种歧视而从研究岗位上被撤职，在费米前往美国的同一时期逃亡法国。

卢里亚还没安顿下来，纳粹就开始侵略法国，他在逃往美国的过程中险些丧命（1940年）。卢里亚一抵达美国，就将名字和中间名改成了英语读法。他可能已经打定了主意，再也不回祖国去了。

多亏闻名世界的费米尽力相助，卢里亚成了哥伦比亚大学的公费留学生，他很快便与德尔布吕克取得了联络。当年冬天，德尔布吕克与卢里亚两人在费城举办的美国物理学会上会面，他们的交谈非常投机，难以想象这不过是他们的初次见面。

之后，两人便常常相互探访，到了第二年（1941年）夏天，他们开始在纽约郊外的冷泉港实验室一同开展试验。他们邀请对噬菌体感兴趣的研究者前来参观，逐渐积累起口碑，两人的噬菌体实验研究会不知不觉间开始被称作是每年惯例的“夏令营”。第二次世界大战结束后，以这个夏令营为中心的研究者团体在世界范围内扩散开来，他们被称作“噬菌体团队”。这个团体，是分子生物学最早期的一大浪潮。

德尔布吕克独具慧眼之处在于，统一了噬菌体团队在实验中所使用的大肠杆菌和噬菌体的种类，让团队成员们的实验数据可比较。实验生物的标准化在如今已经是理所当然的事情了，不过在那时，这一要求是非常先驱性的尝试。全世界的实验结果也因此能够整合起来，研究也得以顺利推进。

德尔布吕克接连拿出了许多研究成果，进入了加州理工学院工作；卢里亚也在全美历史最悠久的州立大学——印第安纳大学找到了一份工作。

卢里亚灵光一闪

在两人的共同研究中，最为重要的就是关于大肠杆菌突变的研究。大肠杆菌在感染噬菌体后会溶解，但其中也有一些会产生耐性（抗性）的。关于噬菌体变异出耐性的原因，有两种说法。

其一，是大肠杆菌自身所具有的生理性环境响应机制（在这里特指对噬菌体的响应）；其二，是自然出现的突变。不过，即便发现大肠杆菌出现了变异，但却无法区分这究竟是突变，还是接触噬菌体所导致的变异。

卢里亚怎么也想不出个好法子来，为了散心，就和朋友一起去参加聚会游玩。聚会上，大家都围着老虎机[1]

[1] 一种零钱赌博机，因筹码绘有老虎图案而得名。老虎机有三个玻璃框，框内有转盘，转盘上绘有多个不同的图案，投币之后拉下拉杆，转盘就会开始旋转，停止旋转后，如果三个转盘出现特定的图案（比如三个相同）就会吐钱出来，出现相同的图案越多，奖金则越高。

欢闹个不停，唯有卢里亚很是清醒，“反正也肯定中不了”。朋友却很起劲地说“万一中了呢”，拉动着老虎机的拉杆，硬币却是越花越多。卢里亚苦笑着说“你看吧”，却没想到此时发生了奇迹。朋友竟然中了头奖。奇迹一次又一次地发生，朋友赚得盆满钵满。这时的卢里亚也意识到自己中了头奖。“原来是这样，我明白了！”卢里亚的喊声响彻聚会现场。他终于找到了能够分辨大肠杆菌变异情况的方法。

卢里亚灵光一闪的想法，可以简单地这样说明：如果大肠杆菌是因为接触噬菌体而变异出了耐性菌，那么只要保持噬菌体和大肠杆菌混合的浓度及培养条件不变，那么耐性菌出现的比例就总会是相同的；而如果耐性菌是因为突变产生的，那么即便培养条件相同，耐性菌也总会是随机出现的。这就像是在老虎机上抽中头奖一样！

实验数据显示，耐性菌的出现是随机的。德尔布吕克利用卢里亚的数据建立起了数学模型，史上首次计算出了突变率（1943年）。利用物理学的方法论来分析生命的奥秘，这正可谓是德尔布吕克和卢里亚两人的胜利。之后，又有其他许多研究者紧跟他们的步伐，利用耐药性和X射线来研究大肠杆菌的突变。大肠杆菌和噬菌体也作为遗传学、分子生物学的模式生物被确定下来。

再来为大家介绍卢里亚的两项成就：其一，是预言了限制性核酸内切酶的存在；其二，是用电子显微镜拍摄了寄生在大肠杆菌上的噬菌体的照片。限制性核酸内切酶是切割DNA的酶，对于重组DNA技术而言是不可或缺的，也是分子生物学中必需的一种工具。电子显微镜1939年发明于德国。商用版本的电子显微镜正巧在卢里亚前往美国时上市，并在1941年被进口至美国。

在当年12月，受卢里亚委托拍摄了大肠杆菌和噬菌体的照片的，其实是托马斯·安德森。这张电子显微镜照片，后来成了找到证明DNA就是遗传物质的决定性证据的关键。

赫希的苦难

找到这一证据的，是本节的第三位主角，阿弗雷德·赫希。他在德尔布吕克与卢里亚携手之初（1940年）就和他们一起利用大肠杆菌和噬菌体开展研究。他也取得了不少成绩，其中让他声名鹊起的那项研究，直接揭示了DNA正是传递生命性状的遗传物质本身，这就是著名的“赫希–蔡斯实验”。

赫希在1950年赴任冷泉港实验室（也就是召开“夏令

营”的地方），他对噬菌体的电子显微镜照片很感兴趣。受卢里亚委托拍摄大肠杆菌的安德森同时也是赫希的朋友。通过细致观察几张照片，赫希发现噬菌体的头部呈正二十面体形，头下有细细的外鞘，外鞘的底部有名为“刺突”的足状结构。

噬菌体看来会凭借刺突附着在大肠杆菌表面，然后将外鞘插在大肠杆菌的细胞膜上。在大肠杆菌表面，还能看到噬菌体的破损残骸。

赫希心想，难道说噬菌体是通过外鞘将头部的内容物送入大肠杆菌内侧，从而溶解大肠杆菌的吗？（实际上，之后人们也的确在外鞘的顶端发现了能够在细胞膜上开洞的酶）。如果真的是这样，那么噬菌体在复制时所需要的，就只有噬菌体头部所储存的“某种物质”了。

通过对噬菌体进行化学分析，可知它是由核酸（此处为DNA）和蛋白质构成的。噬菌体送入大肠杆菌之中，并进行自我复制时所必需的“某种物质”，应该就是DNA或蛋白质其中之一，或者两者皆是。想要确认这一点，就需要给噬菌体的DNA和蛋白质做标记（贴标签）加以区分。

赫希选择的是当时最新的技术，使用放射性同位素作为“示踪剂”（tracer）。放射性同位素，简单来说就是比普通的元素拥有更多中子的元素。中子多的元素中，有一些原子核并不稳定，会崩溃并释放出能量（辐射和热）。这也就是核电的原理。同位素在生物体内基本上也发挥着同样的作用。因此，用少量放射性同位素来替换生物分子中的原子，就能够检出微量的辐射，从而确定生物分子在生物体内的位置。

赫希想到可以用DNA内含有而蛋白质不含的元素磷（P），以及蛋白质内含有而DNA不含的硫（S）来做标记。不过其实也存在含有磷酸根的蛋白质（比较有名的有牛奶中的酪蛋白和卵黄磷蛋白）。针对这个实验，更加准确的说法是噬菌体的蛋白质不含磷。

赫希让当时自己指导的研究生玛莎·蔡斯担任助手，开始实验（这也是实验被称作“赫希–蔡斯实验”的原因）。磷的同位素^{32}P和硫的同位素^{35}S放入培养液中，没想到噬菌体很轻易地就将其吸收了。

不过，困难才刚刚开始。大肠杆菌感染噬菌体后，赫希却找不到将做好标记的噬菌体顺利地从大肠杆菌表面分离的方法。如果噬菌体一直附着在大肠杆菌表面，那就无法判断示踪剂究竟是进入了大肠杆菌，还是残留在噬菌体身上。微生物大肠杆菌的表面实在是过于微观了，用手分离噬菌体当然是无法完成的工作。不过，赫希心想，毕竟都是在培养液里，要是用力搅拌的话，说不定能分离开来。

家用搅拌机怎么样

毕竟是全世界第一次有人开展这样的实验，自然没有什么专用的工具。赫希和蔡斯尝试了种种方法：搅拌如果太用力，会连大肠杆菌一起打碎；而如果单纯用手摇晃容器，也无法将噬菌体和大肠杆菌分离。他们不断尝试、摸索，失败了很多次。这种原创性的工作，是研究的艰辛之处，也是有趣的地方。

打破僵局的，是一位女同事随口说的一句："家用搅拌机怎么样？"把能找到的实验器具全都试了个遍的赫希与蔡斯，恐怕也把这句话当作是救命稻草了吧。尝试一番之后却没想到，大肠杆菌和噬菌体的分离工作开展得异常顺利。

他们使用的是华林牌[1]的搅拌机，作为冷泉港实验室一宝，被保管至今。这个实验也被称作"破壁机实验"，因为日语所指的搅拌机，其实在英语中是破壁机的意思。

成功分离大肠杆菌和噬菌体之后，分别分析两者，会发现噬菌体身上只有DNA进入了大肠杆菌当中，而蛋

[1] 即Waring牌，又译"皇庭牌"，美国厨房电器品牌，产品包括破壁机、烤箱、咖啡机等。

白质则没有进入。这也就意味着，噬菌体在复制时所使用的信息只有DNA。这个实验直接证明了生物的性状是由DNA决定的，基因是由DNA构成的。更详细地说，由蛋白质等物质构成的生物的形态，是由DNA的信息所决定的。

分子生物学自德尔布吕克始，因卢里亚的参与而获得极大发展，然后由赫希发现“基因是由DNA构成的”。他们三位获得诺贝尔奖也是理所应当的（1969年）[1]。时代的天平，开始向DNA倾斜。

[1] 但同样参与了实验的玛莎·蔡斯却与诺贝尔奖无缘。

发现双螺旋结构

沃森和克里克

说到生物学历史上的重要发现，那就不可能不提到DNA的双螺旋结构。就像所有的发现、发明都十分具有戏剧性一样，DNA双螺旋结构的发现也不例外。

DNA双螺旋结构的发现过程暴露出了人性自私的一面，诺贝尔奖得主和相关人士出版的许多书籍都有提及。在本节中，我将为大家介绍DNA双螺旋结构发现前的一些故事，以及双螺旋结构的生物学意义。

分子生物学是从生物化学和生物物理学延伸出来的学科，是以物理学家为核心发展起来的。到了20世纪中期，分子生物学家开始关注DNA这种能够解释遗传现象的重要物质。在前文提到的薛定谔所著的《生命是什么》（1944

年）的出版，也推动了分子生物学家们用物理学和化学的规律来理解生物学。

詹姆斯·沃森通过该书的盛赞了解到了德尔布吕克的“噬菌体团队”，而来到了印第安纳大学的卢里亚研究室。对，他正是确定了DNA分子结构的两人之一。沃森是卢里亚指导的第一批学生。他年仅22岁就于1950年取得了博士学位，经由欧洲大陆来到了英国，加入了剑桥大学的卡文迪许实验室。

在这里，他与确定DNA分子结构的另一人——弗朗西斯·克里克命运般地相遇了。沃森隶属于生物系，主要研究噬菌体遗传学；克里克则是理论物理学出身，在“二战”后转而研究生物学。

两人都被《生命是什么》所打动。野心勃勃的两个人当时还算不得什么人物。恐怕就连他们自己都没有想到，短短数年之后，他们就能够震撼全世界。沃森从还在美国的时候起，满脑子想的就只有DNA，但包括克里克在内，卡文迪许实验室的其他成员却并非如此（虽然都认为“DNA应该很重要吧”）。导致这种情况的最主要的原因，就在于这出大戏的第三位主人公——莫里斯·威尔金斯。威尔金斯也和沃森、克里克两人一起获得了诺贝尔奖。

冷漠的威尔金斯

英国国内DNA结构分析方面的权威，其实是伦敦大学国王学院的威尔金斯。当时的氛围可容不得其他什么人随便涉足这个领域。

在卡文迪许实验室，沃森身边的人都以蛋白质结构分析为中心课题。想要理解生命现象，对蛋白质的研究是不可或缺的。应该说，当时更多的研究者都认为，DNA是蛋白质的配角。无论如何，生物分子的结构都与其功能有紧密的联系，这是研究人员的共识。在确定分子结构时所必需的技术，就是通过X射线衍射进行分子结构分析。接下来，将为大家简要介绍一下X射线衍射实验。

用X射线（也称“伽马射线[1]”）拍摄X光片，能够穿透身体，拍到骨骼和部分内脏。这一点想必各位读者也都了解。

原因是X射线的波长比可见光（红色到紫色，也就是彩虹的七种颜色）更短，短到能够穿透分子之间的缝隙，所以能够拍出穿透身体的X光片。可见光接触到分子后会

[1] 此处为原文错误，应为“伦琴射线”（Roentgen rays）。伦琴射线与伽马射线（γ 射线）并不是同一种射线，其波长及产生原理均不相同。

被吸收、散射、反射（这就是眼睛所看到的“颜色”）。X光片透过身体后，就能够照出体内的形态。

因为X射线也会被较重的原子（电子密度高的原子）弹飞。当X射线直接穿透人体时，显示的图像就是透明的，但当它击中骨头这种金属（钙）元素含量较多的器官时，就会沿着X射线的轨道被反弹，形成阴影。

也就是说X光片是利用X射线完成的皮影戏（医院会将图像黑白翻转）。根据人体组织内所含原子的不同，X射线被反弹的情况，也就是穿透率也会不同。

利用这一原理所发明的物质结构分析技术就是X射线衍射。X光片只是粗略地拍摄大件物体，不过原理上是利用原子的电子密度来改变X射线的轨道。

也就是说，在分子级的小范围内，只要拍下X射线是如何散射的，就能够预测出构成分子的原子是如何分布的。更准确地说，是拍摄当X射线穿过原子之间的缝隙时，衍射的X射线是如何相互干涉的（斑点）。如果晶体结构很有规律，那么斑点的形态也会很有规律。

从斑点的分布规律来倒推，就能够复原原子的立体分布（分子结构）。进入20世纪之后，这种技术广为流传。到了第二次世界大战前后，研究的对象就已经从无机物转向了有机物和生物分子（尤其是蛋白质）。

让我们回到1950年的英国。伦敦大学的威尔金斯想要利用X射线衍射来确定DNA的结构，但是实验的进展并不顺利（因为X射线衍射实验难度很高）。沃森原本更想加入威尔金斯门下，而不是卡文迪许实验室，但在那之前不久，他在意大利的罗马举办的学会上遇到过威尔金斯，对他印象很差，于是便放弃了。

其实，威尔金斯也是研究物理学出身。在战时曾参加过曼哈顿计划，研究过核弹，在战后转而研究生物学。威尔金斯也被《生命是什么》打动，对光学颇有研究的他，接手了一项观察活的动植物细胞中的DNA的项目，作为研究的一部分，他试图通过X射线衍射来确定DNA的结构。

这也就是说，威尔金斯是出于生物物理学的研究角度对DNA感兴趣，他并不像沃森那样对以噬菌体研究为代表的遗传学十分了解。他并非刻意忽略沃森。面对和自己兴趣不同还爱指手画脚的毛头小子，他没什么热情态度也是没法子的事。

失落的沃森选择了剑桥大学，作为自己在伦敦大学之外可以研究生物分子X射线衍射的地方。失意的他却在这里结识了克里克。命运有时真是令人难以捉摸。

被误解的女性研究者

诺贝尔奖（发现DNA双螺旋结构）的三位得主都已经登场，接下来我将为大家介绍第四位主角。她就是本节的一抹亮色，也是最为关键的人物：罗莎琳德·富兰克林。

富兰克林去世时年仅37岁，遭受了许多误解和偏见。尤其是在她去世后，沃森的著作《双螺旋》更进一步加深了人们对这位女性研究者的偏见。直到21世纪，有人为她出版了一部详细的传记，才为她抹去了在人们心中的错误印象。

富兰克林是生于英国的犹太人，1950年，她结束了法国的留学，来到了威尔金斯所在的伦敦大学。她原本是受聘于威尔金斯的上司约翰·蓝道尔，但矛盾的种子从一开始就已经埋下。

蓝道尔也是一位战后从物理学转而研究生物学的研究者。他很擅长操作项目，也很懂怎么从国家拿到项目预算，但在研究室的管理上却算不得公平公正，为人颇有些像一名政客。虽然不撒谎骗人，但他却喜欢把消息全部掌握在自己手中，让研究室的工作人员按自己的心意办事。

威尔金斯有些洁癖，在研究上是蓝道尔的左右手，但他却并不怎么喜欢自己的上司。而蓝道尔一手管着机构运营，同时又喜欢亲自做实验（但因为过于繁忙，在时间上很难办到）。

在这种情况下，蓝道尔便雇用了富兰克林，以取代不听指挥的威尔金斯，来为自己感兴趣的研究服务。这个研究，正是通过X射线衍射分析DNA的分子结构。当然，这也是威尔金斯曾负责的研究之一。

蓝道尔告诉威尔金斯，自己“为了确定DNA的分子结构，雇用了一位X射线衍射的专家”，同时告诉富兰克林，“你就专门负责研究DNA的分子结构。之前负责这个项目的威尔金斯还有别的工作要做，没关系”。

被误解的真相

威尔金斯因为休假而缺席了富兰克林赴任伦敦大学之后的研究会议。蓝道尔失算的地方在于，富兰克林不听从自己的指挥，而且是一个比旁人更加自傲且拥有与之相符的出众能力的研究者。富兰克林在法国留学期间因分析碳分子结构而声名鹊起，是利用X射线衍射分析晶体结构的专家。蓝道尔的如意算盘全打错了，为之后留下了隐患。

果不其然，威尔金斯休假回来之后和富兰克林大吵了一架。威尔金斯以为自己多了个助手，但在富兰克林看来，自己却是一个独立项目的负责人。

富兰克林的不幸中也有时代的因素。当时人们对女性的独立还有偏见，女性研究者更是少之又少。富兰克林摆出了作为独立研究者的姿态，面对干涉自己所负责的研究且态度近乎侮辱的男性研究者们，采取过于感性的应对措施，也是很可以理解的。说是大吵了一架，其实是威尔金斯面对态度坚决的富兰克林，因为自己的研究莫名被转交而感到迷惑不已。

富兰克林只不过是尽力保护自己的研究而已。但沃森却在自己的著作《双螺旋》中，为了把此事描绘得更加可笑，用带有偏见的男性视角称，“富兰克林为人封闭，眼界狭隘，只知道守着自己的数据，结果错失了双螺旋，是个‘Dark Lady’（性格阴暗的女人）”，将这种极为不礼貌的偏见传播给了世人。

最终，蓝道尔也没有从中恰当地协调，富兰克林在研究室待了两年左右之后就离开了。然而，她在此期间所记录下来的宝贵数据，最终揭开了DNA的双螺旋结构。尤其是后来被称作“51号”的DNA X光片，更是起到了决定性的作用。

富兰克林的实验笔记在几年之后公开了，克里克看到之后称，当时富兰克林距离正确答案只差两步之遥。

他还说，如果他是富兰克林的话，能够在三个月之内走完这两步。

富兰克林发现了DNA分子的结晶因为含水量不同而可以分为A型（干燥）和B型（湿润）两种，两者在结构上有所不同。富兰克林已经确认，B型DNA呈双螺旋结构。

这一点在她拍摄的日后被称作“51号”的X光片中也很明显。而A型DNA因为含水量少，原子排列密集，X射线的散射情况复杂，分析起来比较困难。它可能不只是双螺旋，有可能是三重螺旋、四重螺旋，甚至可能不是螺旋构造（富兰克林还怀疑过螺旋结构是可分解的）。

当然，因为细胞内充满水分，因此只有B型DNA具有生物学意义，但当时的人们还完全不清楚这一点。富兰克林通过X射线衍射发现了加热会让碳分子产生晶体层面的不同（就像是铅笔芯和钻石之间的区别），她会纠结于DNA分子晶体的差异也是很自然的。因为她并不是一位纯粹的生物学家，而是一位分析晶体结构的专家。

导致富兰克林决定离开研究室的，可能不只是被孤立这件事。她的研究笔记似乎也被人偷看了。在意识到富兰克林不会任自己摆布之后，蓝道尔就没有帮过她。而威尔金斯也认为富兰克林抢走了自己的工作（虽然只是一部分），而不与她来往。哪怕能够随意使用研究设备，但研究数据都会被人偷看的环境，可以说是再糟糕不过的了。富兰克林的怀疑，对她的精神健康也是不利的。留下未确定的A型DNA结构虽然并非她的本意，可富兰克林还是向蓝道尔汇报了所有与B型DNA相关研究数据，之后便离开了研究室。

51号X光片

问题出现在这之后。

沃森和克里克，此时正埋头于搭建球棍式的分子模型。两人试图通过当时已经存在的种种假说和自己的直觉，使用物理化学的方法来推断出DNA分子中原子的结构。

作为基础的假说如果都错了，自然只能得到错误的结果。两人公布的早期模型也确实因为一些低级错误遭到了其他研究者的嘲笑。而按照富兰克林的做法，在实验数据收集完整之前，她是不会下结论的。

与其说哪种方法更好，不如说这只是方法论上的差异，一般而言，在单人研究中也可能同时出现这两种推动研究的方法。但在沃森和克里克两人身上，还有着“研究灵感来自他人的非公开数据”这一伦理问题。

制作出DNA的双螺旋结构分子模型的灵感，仅凭查戈夫法则（核碱基的A和T、G和C的数量总是相当的）和卡斯佩森的发现（DNA是以“核碱基＋磷酸＋脱氧核糖”为单位的高分子化合物）是不够的，还必须有富兰克林拍摄的、被称作“51号”的B型DNA的X光片及其分析数据才行。

51号X光片，是威尔金斯展示给沃森的。威尔金斯并没有把照片交给沃森，但那完美的分子形态，懂行的人一看就知道，正是双螺旋结构。威尔金斯能够拿到51号X光片，是获得了富兰克林许可的。

这是威尔金斯从决心离开研究所的富兰克林手中继承下来的资料之一，通过富兰克林所指导的研究生转交而来。然而，这明明并非自己所取得的数据，却将其轻易地展示给既是朋友又是对手的人看，威尔金斯的举动过于轻率了（威尔金斯后来也对此表示反省）。

不过，光是知道了“双螺旋”这一点，还无法决定DNA的分子模型。富兰克林的研究数据，还被刊登在了蓝道尔研究室的中期年报上。

当然，年报并不是什么机密材料，不过因为其中会登有论文或是学会上的未公开数据，因此在机构内是应当保密的。可是，克里克的上司，因为拥有分配机构预算的权力，而看到了蓝道尔研究室的中期年报。

就这样，富兰克林的数据经由上司之手传到了克里克手中。凭借着沃森看到的51号X光片和克里克得到的数据，两人以富兰克林的实验结果为基础，搭建起了DNA模型。

而为了保全两人的名声，还需要加上原创性的想法。他俩根据自己的灵感来源，汇总出了如下三个答案：

首先，DNA呈梯子扭转后的双螺旋结构（51号X光片）。其次，脱氧核糖和磷酸交替相连，形成一条长链，组成螺旋结构（卡斯佩森的发现），因为分子结构导致链条有3’端和5’端的方向之分，DNA的两条链方向相反（由富兰克林的数据得出的独创结论。用两个箭头来比喻的话就是呈“↑↓”状）。再次，核碱基向螺旋结构的内侧突出，A和T、G和C可逆地结合起来，让两条链连成梯状（从查戈夫法则得出的两人的独创结论，被称作“碱基对”）。

此外，例如螺旋结构的角度、分子间的距离等结论，一般认为都参考了富兰克林的数据。不过，克里克也著有论文，其中出现了可利用X射线衍射法倒推出螺旋结构的算式，他应该的确证明了自己和沃森的模型的正确性。

这一分子模型最优秀的地方就在于，能够解释DNA

的复制。通过A和T、G和C相连的DNA双链，能够像拉链一样被分为单链。A和T、G和C如果必然（且可逆地）结合，那么通过两条单独的DNA链条，应该能够复原出两个双螺旋结构。

这个假设其实是完全正确的。这意味着传递生物性状的遗传物质DNA，是一种结构巧妙、能够复制的分子。换言之，DNA正是能够解释遗传现象的物质，是证明生命是由物质构成的分子。凭借揭示了DNA的生物学意义，沃森和克里克于1962年获得了诺贝尔奖。

沃森和克里克急忙将自己的发现写成论文，以通信形式向如今也依旧权威的科学杂志《自然》投稿。或许是因为实在过意不去，他们在投稿前告知威尔金斯此事，向他提议是否要在论文中联合署名。

蓝道尔的愤怒

威尔金斯却回绝了他们，并提出自己也会出一篇关于DNA结构的论文，希望他们给自己一些时间，以便两篇论文能够同时刊登在《自然》上。在这时，威尔金斯联络了富兰克林和她的学生，通知她们论文已经写好了。这就是那篇刊登了B型DNA的51号X光片的通信。

◆DNA双螺旋结构图

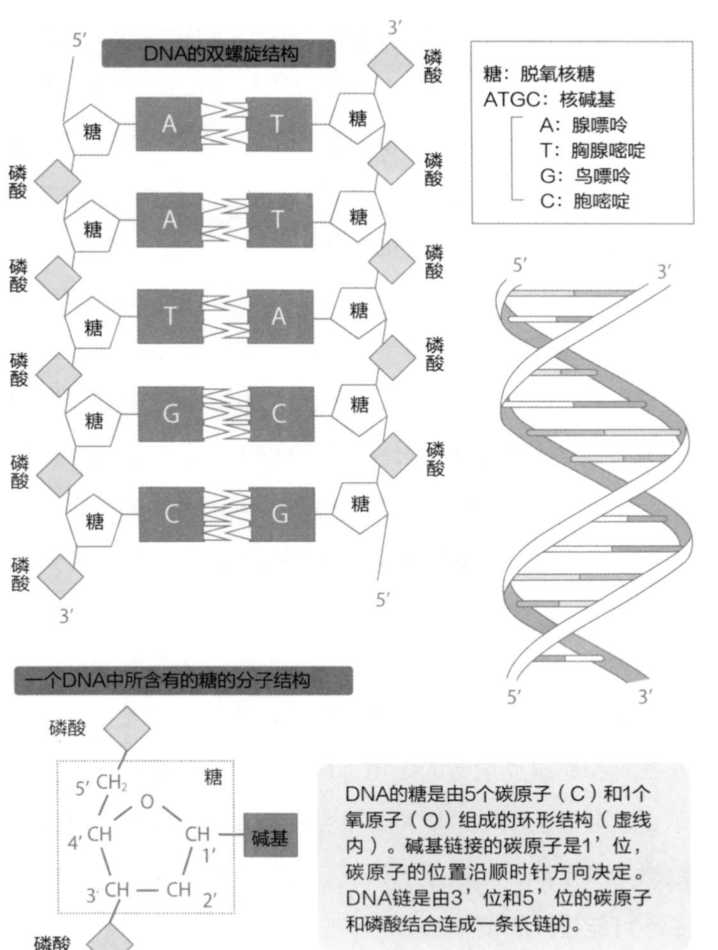
DNA的双螺旋结构
5′
3′
糖
磷酸
A
T
G
C
糖：脱氧核糖
ATGC：核碱基
A：腺嘌呤
T：胸腺嘧啶
G：鸟嘌呤
C：胞嘧啶
一个DNA中所含有的糖的分子结构
磷酸
糖
5′ CH_2
O
4′ CH
CH
1′
3′ CH — CH 2′
碱基
DNA的糖是由5个碳原子（C）和1个氧原子（O）组成的环形结构（虚线内）。碱基链接的碳原子是1’位，碳原子的位置沿顺时针方向决定。DNA链是由3’位和5’位的碳原子和磷酸结合连成一条长链的。

蓝道尔气得昏了头，两个毛头小子竟敢打破绅士协议，夺走DNA研究的美名。如果自己的研究室不拿出一篇关于DNA的研究，作为全英国最大的生物物理学研究所的创始人可太丢人了。蓝道尔向《自然》编辑部的熟人解释了来龙去脉，最终让威尔金斯和富兰克林的两篇论文，以及沃森和克里克的论文，总共三篇通信文章一并刊登在《自然》上。现在，研究主题相同的文章如果同时投稿，杂志也会采取相似的版面结构，这种刊登方式本身并没有什么特别。

在刊登顺序上，第一篇是沃森和克里克的论文，提出了DNA双螺旋结构的理论模型；第二篇是威尔金斯的论文，提示出生物可能普遍具有DNA双螺旋结构（刊登了与富兰克林不同的X射线衍射照片）；第三篇是富兰克林的论文，揭示了B型DNA的双螺旋结构（刊登了那张51号照片）。

因为是同时刊登，三篇论文之间的表述有所调整。对DNA双螺旋结构的发现，贡献最大的本应是富兰克林，但在沃森和克里克论文的结尾，用极为拐弯抹角的方式，表示自己参考了威尔金斯和富兰克林的非公开数据，但并未致谢（多年后，他们才承认没有富兰克林的非公开数据，是不可能建立起模型的）。

而在刊登的第三篇富兰克林的论文中，加上了一句话，表示自己的实验数据和前文刊登的沃森、克里克的想法并不矛盾。毕竟那是基于富兰克林的数据建立起的模型，没有矛盾也是自然的。但这却给人一种印象，仿佛沃森和克里克的想法，是先于富兰克林的数据产生的。周围的人都认为，富兰克林已经意识到自己的实验数据在未经许可的情况下被使用了（就连克里克也是这么想的）。

可是，就连和富兰克林一起写论文的学生都没有听她抱怨过这件事。蓝道尔虽然知道事情的大致经过，但完全没有为富兰克林说话，更别说为她出头了。蓝道尔甚至在论文刊登前一周还写信给富兰克林，称“你既然要离开实验室了，那以后就不准进行核酸研究，也不要再为我这里的学生指导论文了”。

富兰克林进入新环境（同在伦敦大学的伯贝克学院）后，精神上得到了极大的放松。她对蓝道尔的信一笑置之，在RNA病毒研究领域不断拿出了先驱成果，为一同开展实验的研究生指导论文，还完成了两份共同署名的论文。

富兰克林与诺贝尔奖

真正的富兰克林，并不是“dark”（性格阴暗），其实是一个开朗、积极的人，对运动和旅行的热爱完全不输于研究。她厨艺很好，很会招待客人，也很关注流行时尚。

而病魔却袭击了富兰克林，她患上了卵巢肿瘤。据说有人认为，她早逝的原因是在实验中受到了X射线的辐射。不过卵巢肿瘤中也存在早发性（35岁以下）的病例，要说没有受到辐射的影响，没人敢如此断言，不过从流行病学的角度来说，目前并没有发现遭受辐射和卵巢肿瘤之间的关联。

在20世纪50年代，自然还有研究者遭受了比富兰克林更多的X射线辐射，但在研究者之间，并没有认为这会带来什么健康影响。当时也有安全指南，不过别说考虑健康问题了，研究人员们甚至还觉得安全指南会阻碍自己的研究呢（这种想法非常危险）。

在富兰克林去世4年之后（1962年），沃森、克里克和威尔金斯三人获得了诺贝尔奖。历史没有如果，但若是富兰克林还活着，也许就会取代三位获奖者中的某一位吧。

但以她的实力，凭借之后的病毒研究应该也能拿下诺贝尔奖。和富兰克林一起发现烟草花叶病毒结构的阿龙·克卢格于1982年获得了诺贝尔奖。

经历了种种人间大戏，DNA这种掌握生命关键的分子，一跃成了生物学研究的主流。

DNA密码与克里克的失败

DNA和蛋白质

在发现DNA是传递生物性状的物质（基因的本体）之后，人们产生了两个疑问，那就是“DNA记录的性状是什么”以及“DNA是如何记录性状的”。

说到底，基因所记录的究竟是什么呢？

答案是合成蛋白质的方法。蛋白质是形成生物、维持生命的重要分子。其中作为催化剂控制化学反应的蛋白质被称作酶。生命活动可以说就是一种化学反应。生命活动所必需的酶的数量，仅已经发现的就多达数千种。这些酶都被记录在基因之中。

而蛋白质是氨基酸连接而成的长链。蛋白质链条有的会折叠起来，形态多种多样。蛋白质的形态决定了它的功能。氨基酸作为一种化学物质，存在无数种，而生物所利用的氨基酸只有20种。这20种氨基酸居然是所有生物体内蛋白质的来源，这样一想生命真的是很奇妙。

蛋白质的结构是由氨基酸的排列所决定的，氨基酸排列的顺序可以说是蛋白质的设计图。这也就意味着，DNA中记录了“氨基酸的排列”。而氨基酸虽然有20种，但构成DNA的核碱基只有腺嘌呤（A）、胸腺嘧啶（T）、鸟嘌呤（G）、胞嘧啶（C）这四种。它们究竟是如何被记录的呢？

伽莫夫的设想

“这肯定是符合数学规律的！”乔治·伽莫夫如此断言。伽莫夫是提出大爆炸宇宙论并预言了宇宙背景辐射的著名理论物理学家。当然，伽莫夫对生物是门外汉，但他在读过沃森和克里克的论文之后，被双螺旋结构的美丽所打动，提出了密码子（codon）作为决定氨基酸的遗传密码（genetic code）的单位（1954年）。

按照伽莫夫的设想，每3个核碱基决定1个氨基酸。这被称作三联体（triplet）密码假说。简而言之，他是用数学的方式来思考如何用4个字母来指定20种氨基酸。1个字母对应4种、2个字母对应16种（4的平方）、3个字母对应64种（4的3次方）。如前文所述，组成蛋白质的氨基酸有20种，理论上只要有3个核碱基就能够决定所有的氨基酸

（而且还会有很多富余）。

以伽莫夫的设想为契机，几乎全世界的相关研究者都开始分析遗传密码（解析密码子）。发现DNA双螺旋的克里克也不例外。然而，克里克却认为“用64种组合来决定20种氨基酸太麻烦了，肯定还有更巧妙的方法”。

于是，他灵光一闪：“3个核碱基的顺序是否不影响氨基酸的决定？”也就是说，例如AAT、ATA和TAA全都表达同一个氨基酸。这样一来，3个字母都相同时有4种情况（AAA、TTT、CCC、GGG）、2个字母都相同时有12种情况（ATT、ACC、AGG、TAA、TCC、TGG、GAA、GTT、GCC、CAA、CTT、CGG）、3个字母都不同时有4种情况（ATC、TCG、ACG、ATG），加起来正好有20种情况（1957年）。

但这一设想是错误的。在之后的研究中，DNA还有着“起始密码子”和“终止密码子”这种不决定氨基酸的信号，仅有20种情况是不够的。

这个故事，是进化生物学家约翰·梅纳德·史密斯的随笔*Too good to be true*中的一节（1999年《自然》）。仅凭不完整的信息就提出假说，最终导致了错误的结果，这是理论型研究者容易陷入的误区，也是天才克里克难得失败的“宝贵”趣闻。

神奇的RNA世界

指令书与装配机

如果说DNA是生命的密码，那么RNA就是解开密码的钥匙。RNA在DNA合成蛋白质的机制中发挥了重要的作用。

主角是三种RNA，分别是信使RNA（mRNA）、转运RNA（tRNA）以及核糖体RNA（rRNA）。

RNA是一种神奇的分子，它的分子结构和DNA只有一处不同。DNA很难发生物化学反应（化学性质稳定），它的双螺旋结构也让自身在化学上处于稳定状态。DNA有腺嘌呤（A）、胸腺嘧啶（T）、鸟嘌呤（G）、胞嘧啶（C）四种不同的核碱基，RNA则以尿嘧啶（U）取代了T。T比U的化学性质更稳定，从这一点上也能够看出DNA

是一种很重视稳定性的分子。

而RNA虽然不稳定，却能够以各种形态在细胞内引导蛋白质的合成。接下来，我将为大家讲解三种RNA合成蛋白质的方式。

首先是mRNA。mRNA是携带有必要信息的DNA的转录，也就是写有蛋白质合成方法的指令书。指令书（mRNA）是会被搬运到rRNA。rRNA就是合成蛋白质的装配机。

将装配机（rRNA）搬运到氨基酸就是tRNA的任务。tRNA是快递员，它以DNA的密码子（3个核碱基）作为名片，同与密码子相对应的氨基酸结合。快递员（tRNA）把氨基酸转运到装配机，并按照指令书的指示排列氨基酸。而装配机又按照指令书的指示将氨基酸结合，生成蛋白质。

mRNA不仅仅是DNA的复制品，而且是作为拥有与DNA的核碱基（例如……AATGGC……）互补配对核碱基的RNA（……UUACCG……）被合成的。tRNA则拥有与mRNA互补配对的密码子，因此会沿mRNA排列。如果是例子中的情况，那么就是AAU的tRNA会和UUA、GGC的tRNA以及CCG结合。AAU的tRNA会转运亮氨酸这种氨基酸，GGC的tRNA会转运脯氨酸这种氨基酸，在rRNA，它们会以亮氨酸、脯氨酸这种排列结合起来。成百上千的氨基酸结合在一起，就形成了蛋白质。

◆中心法则与RNA的三个功能

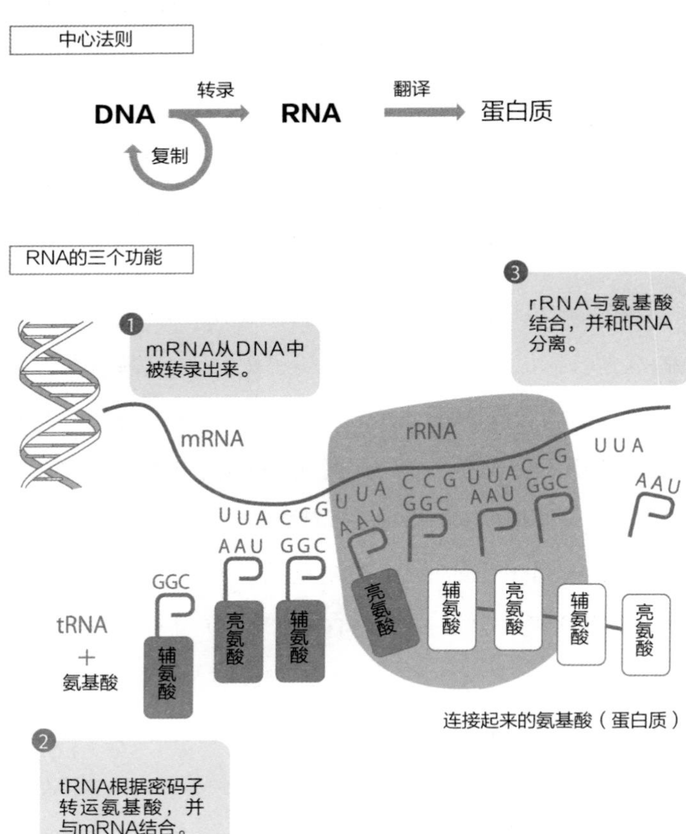

更为准确地说，DNA所记录的信息并不只有氨基酸的序列。上文提到的三种RNA也都包含在所有DNA的信息中。同时，高级生物能够控制更复杂的蛋白质表达。例如，我刚才解释称mRNA是指令书，在被送达装配机之前，指令书可能会被编辑，或是被废弃，从而影响蛋白质的合成。废弃指令书的是名叫“micro RNA（miRNA）”的小RNA。

就像刚才说明过的那样，遗传信息从DNA传递到RNA，并合成蛋白质的信息传递过程，叫作“中心法则”。从DNA合成出mRNA的过程叫“转录”。rRNA在mRNA指导下合成蛋白质的过程叫“翻译”。注重稳定的DNA负责记录遗传信息，RNA负责横向传递信息并合成蛋白质。生命的机制实在是非常巧妙。

后记

书里关于基因的介绍，大家读完之后觉得还算有趣吗？

继前作《可怕得让人睡不着的科学》和《有趣得让人睡不着的基本粒子》之后，本书的主题是基因。我和友人——生物学家丸山笃史先生一道，本着尽可能简明易懂的原则，向大家介绍了从最基础的知识到最新研究的许多内容。

话虽如此，可能还是会有很多读者觉得："基因也没比基本粒子简单到哪里去！"在序言里我也提到了，生命科学的发展日新月异，哪怕同为生物学家，只要研究领域稍有不同，就可能很难跟上彼此研究的进展。若是竞争激烈的研究领域，短短半年前的消息都已经是老古董了。

跟大家透露一下，其实本书的企划时间长达两年。这是因为在生物学界发生了一个大丑闻，因此在学界归于平静之前，暂且将本书搁置了（正是STAP细胞[1]事件）。

在此期间，本书中提及的研究不断推进，事态也多有改变，我也因此不得不随时更新书中相关内容。真的是日新月异。直到出版前夕，我们仍在核对书中内容，但仍可能有部分内容在正式出版前又有了新的进展。生命科学的发展就是如此迅速。

很遗憾的是，受篇幅所限，仍有许多话题在本书中未能涉及。尤其是RNA以及基因表达机制相关的话题，有许多有趣的故事、令人兴致盎然的主题，我都不得不狠心删除。这些就等有机会的时候，再向大家揭晓吧。

本书是我为本系列执笔的第三部作品。从企划到出版，本作的推出颇为困难，多亏出版社的田畑博文先生无微不至的关照。

---

[1] 2014 年 1 月，日本理化学研究所再生科学综合研究中心小保方晴子带领的课题组宣布成功制作出一种全新“万能细胞”——STAP 细胞。2014 年 4 月 1 日，日本理化学研究所调查委员会发布调查结果，小保方晴子在 STAP 细胞论文中有篡改、捏造的不正当行为。

最后，我们两位作者在此向诸位读者致以衷心的感谢。

希望有缘能与大家再次相见！

竹内薰、丸山笃史

2015年12月